Alluring Creativity

創造力是性感的

吸引個人與領導、
創新與創業，還有跨視界

吳靜吉——著

《大眾心理學叢書》

出版緣起

王榮文

一九八四年，在當時一般讀者眼中，心理學還不是一個日常生活的閱讀類型，它還只是學院門牆內一個神祕的學科，就在歐威爾立下預言的一九八四年，我們大膽推出《大眾心理學全集》的系列叢書，企圖雄大地編輯各種心理學普及讀物，迄今已出版達二百種。

《大眾心理學全集》的出版，立刻就在臺灣、香港得到旋風式的歡迎，翌年，論者更以「大眾心理學現象」為名，對這個社會反應多所論列。這個閱讀現象，一方面使遠流出版公司後來與大眾心理學有著密不可分的聯結印象，一方面也解釋了臺灣社會在群體生活日趨複雜的背景下，人們如何透過心理學知識掌握發展的自我改良動機。

但十年過去，時代變了，出版任務也變了。儘管心理學的閱讀需求持續不衰，我們仍要虛心探問：今日中文世界讀者所要的心理學書籍，有沒有另一層次的發展？

在我們的想法裡，「大眾心理學」一詞其實包含了兩個內容：一是「心理學」，指出叢書的範圍，但我們採取了更寬廣的解釋，不僅包括西方學術主流的各種心理科學，也包括規範性的東方心性之學。二是「大眾」，我們用它來描述這個叢書的「閱讀介面」，大眾，是一種語調，也是一種承諾（一種想為「共通讀者」服務的承諾）。

經過十年和二百種書，我們發現這兩個概念經得起考驗，甚至看來加倍清晰。但叢書要打交道的讀者組成變了，叢書內容取擇的理念也變了。

從讀者面來說，如今我們面對的讀者更加廣大、也更加精細（sophisticated）；這個叢書同時要了解高度都市化的香港、日趨多元的臺灣，以及面臨巨大社會衝擊的中國沿海城市，顯然編輯工作是需要梳理更多更細微的層次，以滿足不同的社會情境。

從內容面來說，過去《大眾心理學全集》強調建立「自助諮詢系統」，並揭櫫「每冊都解決一個或幾個你面臨的問題」。如今「實用」這個概念必須有新的態度，一切知識終極都是實用的，而一切實用的卻都是有限的。這個叢書將在未來，使「實用的」能夠與時俱進（update），卻要容納更多「知識的」，使讀者可以在自身得到解決問題的力量。新的承諾因而改寫為「每冊都包含你可以面對一切問題的根本知識」。

在自助諮詢系統的建立，在編輯組織與學界連繫，我們更將求深、求廣，不改初衷。

這些想法，不一定明顯地表現在「新叢書」的外在，但它是編輯人與出版人的內在更新，叢書的精神也因而有了階段性的反省與更新，從更長的時間裡，請看我們的努力。

推薦的話

別忘了生活情趣的感染力

梁永煌

聽到遠流出版社要將吳靜吉老師在《今周刊》發表的文章，集結出書的消息，讓我很興奮！「好文章和好朋友分享」，一直是我經營媒體的目標。

一九九〇年我在政大企研所企家班進修時，選了吳老師的「管理心理學」。他幽默、風趣的上課方式，讓每個學生如沐春風，也種下日後邀請老師在《今周刊》寫專欄的緣分。

老師的專欄圍繞著「創新」，讓許多讀者獲得啓發，常有令人驚奇的迴響，我自己就是其中之一。

去年十二月，老師在〈別忘了生活情趣的感染力〉文章中，從希拉蕊的缺乏生活情趣，談到「每個人不論在事業上如何成功地扮演其職業角色，也別忘了生活情趣」，不只「於我心有戚戚焉」，更讓我深自慶幸，還好我近幾年喜愛上普洱茶及臺灣老茶。

吳老師認真做研究，生活接觸廣泛，透過他極度敏銳的觀察，常能讓讀者看見自己看不到的視野，而有靈光乍現的收穫。

臺灣的創造力有待加強，可以說是國人的共識，大家總喜歡說矽谷如何如何……，其實創新是一種文化，是一種生活方式，但我們總以為可以移植或模仿。

就以近期《今周刊》封面故事〈誰掐住青年的聲帶〉提到，比爾蓋茲十九歲打造了微軟公司，祖克柏同樣在這個年紀創立了臉書；然而臺灣青年十九歲是不被允許做這樣的事，他們申請設立公司須滿二十歲，也不能獨自開立銀行帳戶，是我們的法律扼殺了臺灣的祖克柏。

在臺灣這樣的氛圍中，更凸顯創新觀念的重要，我相信吳老師這本書《創造力是性感的》，一定可以給讀者許多啓發，觸動每個人創新的神經。更期待因為此書，創新能豐富我們的生活，成為臺灣文化的一部分，同時提高臺灣產業的競爭力。

《今周刊》社長　梁永煌

自序

創造力是性感的：

吸引個人與領導、創新與創業，還有跨視界

吳靜吉

Paul Pedersen 和我在明尼蘇達大學讀書時都是創造力大師 E. Paul Torrance 的學生，他著作等身，因而被美國諮商學會邀請，對擠滿大廳的學者分享如何寫書出版的祕密。他是這樣開始的，「第一個條件是，你首先必須找到『性感』的題目，能夠讓你愛不釋手、喚醒你的激情、發揮你的創造力。」他大部分的著作都是在「創造力是性感的」的誘發下爽快完成。

創意的研究、教學和著作，是學者的本務，但創造力的影響無遠弗屆，就因為它是性感的。

演化心理學家不斷地研究「為什麼創造力是性感的？」

產官學界的領導人物也正在思考大數據的創意啓發。《哈佛商業評論》以〈二十一

世紀最性感的職業：數據科學家〉為專題報導，說明大企業都在尋找能夠閱讀並超越數據、創造新知、發現商機的數據科學家。

一九八四年，當時柏林市長Klaus Woweriet的「柏林雖窮，但性感。」仍然餘音繞梁，到了今天，柏林已不再貧窮，但仍然性感，而且變身為多元創意人才濟濟、創意無限的「歐洲矽谷」。

創造力是性感的（第四篇一六六頁），可以促進個人正向心理（第一篇）的發展。創造力不僅是個人成就的最高表現，也是所有正向心理特質的催化劑。

創造力激勵領導人。二〇一〇年IBM調查全球一五〇〇位CEO，其中六〇％同意創造力是未來領導人最需具備的特質，加上賈伯斯連結「科技與藝術」等不同元素的創造力詮釋，「領導與創造力」已然成為結拜兄弟（第三篇）。

「創造力是性感的」之隱喻也引發了從「新穎且有用」的創意發想到「雛形實踐」的創新之旅，而創意靈感和應用都是來自直接和間接、實際和想像的生活經驗（第二篇）。創意引領創新，期待個人和領導人成為T型人物（第四篇）。

賈伯斯的「串連點點滴滴」之創造力定義，驗證了愛因斯坦所說的「創造力具有感染力，擴散出去吧！」從此創造力更具性感，更吸引大眾，今天不僅是產官學研藝民各界人物需要串連共創，不同領域也一樣需要群聚創新。第五篇「創意串連跨視界」只是拋磚引玉地介紹這樣的現象。

所有先進國家都非常重視創業精神，尤努斯因微型貸款的創新而獲得諾貝爾獎之後，社會創業已經成為顯學，幾乎所有頂尖大學，牛津、劍橋、史丹佛和芝加哥等，和所有美國的常春藤盟校，都同時開設一般創業和社會企業課程。歐盟更鼓勵從小開始「將創意化為行動」的創業精神教育。臺灣當然也不例外。但創業的基本條件還是需要創造力的催化（第六篇）。

二〇〇五年今周刊社長梁永煌先生的邀請，啓動了這一系列的專欄文章。十二年後，遠流董事長王榮文決定出版這本書，副總編輯陳莉苓和即將退休的林淑慎居然可以從這麼多文章中找出六個主題，而由王榮文董事長提議以「創造力是性感的」作為書名。

我把寫專欄當作一種修行。先是尋找吸引我的題材，每一篇文章都從兩三千字開始，不斷修改，直到符合周刊的字數要求。幾年下來，在刪減過程中，卓龍傑、黃于娟、林坤賢、朱張順和吳郢祁等人也練就保持喜悅心情度過漫漫「修」行路。

每次在刪減文字時，心中都希望自己減肥能夠像刪字那樣乾淨俐落、有趣，這可能就是「創造力是性感的」吸引力吧！

目錄
Contents

第一篇 個人的正向心理

第二篇 創意來自生活

第三篇 領導需要創造力

第四篇 創意引領創新

第五篇 創意串連跨視界

第六篇 創業精神

第一篇

個人的正向心理

1 同理面對，樂觀解決

二〇一四年史丹佛大學邀請比爾．蓋茲夫婦以基金會主席身分擔任畢業典禮主講人，敘說他們從成功創業到投入社會企業的生命故事，最後並對即將進入社會的學生提出建言。他們以爲，科技的創新可以造福大家，後來發現科技反而造成數位落差，富者更富、窮者更窮，他們也看過貧窮的統計數字，但並不眞正了解貧窮。

一直到一九九七年，比爾．蓋茲出差到基金會捐贈電腦的南非小鎭索維托，才體悟什麼是貧窮。後來到訪印度，正準備和性工作者說明愛滋病的危險時，發現她們最想要談的卻是「娼妓標籤」帶來的被歧視、被強暴等悲慘問題。

親眼看見地獄般的生活並沒有減弱樂觀，因爲他們相信樂觀可以引領創新、發明新工具、消除不幸遭遇，**但如果樂觀不能解決貧窮問題，那就需要更多的同理心。**

排除生在誰家、長在何處等的運氣和特權，我們就比較容易看到窮人和病人，體悟這些不幸也可能會發生在自己身上，這樣的同理心就會拆除障礙並且開啓樂觀的疆域。

蓋茲夫婦希望史丹佛學生帶著才能和同理心去改變世界，並且感染更多的人和他們一樣樂觀。畢業後他們需要就業、償還債務、戀愛結婚，但在未來人生遇到不幸事件時要同理心面對、樂觀解決。

蓋茲夫婦從統計數字到實際了解貧窮，並且保持樂觀和同理心的態度以改變世界的建議，很高興在臺灣的學生中看到了這樣的希望。

這個學期，徐聯恩老師和我在政大科智所碩士班的「人際溝通與團隊合作」課程裡，四十六位同學共組成六到七人的七個團隊親身體驗創意團隊的發展歷程。在團隊合作中現買現賣地實踐他們所學的樂觀、同理心等溝通知能，以及團隊合作的精神和實質效力。團隊合作的作業就是各組在學期結束時，完成一個創新或創業計畫；並運用所學的溝通知能，包括 TED 的演講祕密、說故事、語文和非語文行為的組合，以及轉換心態以克服演講焦慮等等和同學公開分享與回饋。

這七組的作業都是自主創新的社會企業計畫，他們社會企業的使用者和服務對象，包括老人、十二年國教的可能受害者、生存困難的小職人、資源不足的學校和地區等等需要產官學研特別關懷的族群。

我們驚喜地發現各組除了從網路搜尋中了解統計數字背後的意義，還抱持樂觀態度，發揮同理心親赴文化現場觀察、訪談，甚至體驗他們計畫中的使用者或服務對象的工作與生活。

（本文刊載於今周刊第 915 期）

2 快活：快樂過活

二〇〇〇年，美國只出版五十本有關快樂的書籍；〇八年這一年，卻出版了四千本。在景氣低迷、世界紛亂的時代，追逐快樂變成社會運動。

快樂、樂觀、希望、復原力與創造力等，都是正向心理學的範疇，單是亞馬遜網路書店有關樂觀和快樂的書籍，就分別超過十六萬本和三十四萬本，而哈佛大學目前最受學生歡迎的課程，則是正向心理學。

一百多年的心理學研究已經累積了有關心理疾病及其預防與治療的豐富知識，但有些心理學家一直堅持發揮人類潛能的重要性，認為除非心理學家盡心致力研究人類的心理優勢並積極發揮，否則我們很難有效地追逐快樂、尋求幸福。於是這些心理學家共同合作推動正向心理學，不僅成立學會，也出版研究報告和書籍，還辦了許多工作坊，成長的幅度和蔓延的速度非常可觀。

以尋求人生意義、追逐快樂幸福、抱持樂觀態度、建構希望意志、提升創造力為主的正向心理學，也在這個天時、地利、人和的氛圍下更加蓬勃發展。歐巴馬提出「改變」和「希望」的選舉主軸，對這個受歡迎的正向心理學來說，可能是果，也可能是因。

快樂是有個別差異的，當然也有文化和國家的差異，經濟富有的丹麥和經濟貧窮的不丹，同樣是快樂的國家。二〇〇八年十月應教育部和政大邀請來台的丹麥正向心理學家努普（Hans Knoop），在訪談中肯定丹麥的確是快樂的國家，他也提供了一些丹麥為何快樂的看法，這些看法和其他相關專家學者的建議相當一致。

快樂不是逃避痛苦，而是接受挑戰、不斷成長的動態歷程，每當我們學會的知識能力足以接受挑戰並完成目標時的那種快樂，就是正向心理學所謂的「福樂」（flow）感受。在成長的過程中，我們也會因為挑戰高於知能而產生焦慮、痛苦，偶爾也會因為挑戰低於知能而覺得無聊。痛苦也是快樂的一部分，從達文西、托爾斯泰到臺灣知名作家洪蘭，都相信「快樂與痛苦是連體嬰，背連背，誰也少不了誰」，真的是名副其實的「痛快」。

心理學家也發現快樂是會感染的，一個人來往的快樂親友越多，他也就越快樂，當親密友伴走出陰影變得比較快樂，我們也會感同身受。

六十歲以前的聖嚴法師遭遇許多的挫折與困難，他卻能從中學習「面對它、接受它、處理它、放下它」的待人處世原則，並發展「山不轉路轉、路不轉人轉、人不轉心轉」的創意態度，也許在景氣低迷、社會紛擾的今天，我們可以學習像他一樣「活得快樂、病得健康、老得有希望」。

（本文刊載於今周刊第635期）

3 焦慮年代的挑戰

二〇一二年十月二十八日，《紐約時報》（*New York Times*）刊登一篇文章指出，一三年二月二十四日第八十五屆的奧斯卡頒獎典禮，將在對電影產業焦慮不安的情緒中舉行，爲什麼？影藝學院宣布，著名的《蓋酷家庭》（*Family Guy*）系列卡通電視節目的編劇兼製作人麥克法蘭（Seth MacFarlane）確定爲典禮的主持人。

嚴格說來，麥克法蘭不是電影人，也不是演員，雖然他在自己編導和製片的電影《熊麻吉》（*Ted*）中擔任主角的配音，但終究不是電影明星。

學院想借助麥克法蘭在電視界的創新成就和知名度，來提高典禮的收視率，但更重要的是，買票進電影院看電影的觀衆越來越少。不僅電視，連手機和平板電腦都在拉攏觀衆，這才是焦慮的根源。典禮的製作人認爲，與其影視對立，不如藉此縮短鴻溝。

不僅電影從業人員焦慮，一般美國人也在經濟不景氣、對未來不確定和對現實生活不安的三重壓力下產生焦慮，連年輕人也對未來的退休生活備感焦慮。

根據皮尤（Pew）研究中心的研究，現在美國人的退休焦慮達到歷史新高，超過一半的三十六～四十歲成人，擔憂沒有足夠的存款能夠度過未來的退休生活，因而必須更加努力增加資產，來貼補政府社會福利的短缺。可是，經濟不景氣則又增加他們害怕失去穩定工作、穩定薪資和蓄積資產的焦慮。

加州大學洛杉磯分校的研究者也發現，現在的大學新生比以前的同儕更感焦慮。有些評論者認為這種焦慮是大學教育的問題，有人認為是就業市場的關係，但也有人認為，這是整個美國的問題。

美國一年因焦慮而支出的相關費用，包括醫療費用和生產力的損失，大約三千億美元。一九九七～二〇〇四年間，美國人花在抗焦慮藥物的費用增加一倍多，從九億到二十一億美元。

焦慮的來源也包括因工作或求學關係，需要移居他地或四處奔波而減少親友當面支持。如果據此過度依賴社會媒體交友溝通、尋求支持，則焦慮可能不減反增。臉書上的朋友太多也會感受焦慮，尤其當自己的上司、父母也加入臉書時。弔詭的是，根據《時代》（*TIME*）雜誌調查，八四％的人承認不能一天沒有手機的焦慮。

臺灣的學生更慘，功課、考試、就學和畢業後工作難找的壓力，以及整個社會的焦慮氛圍都會影響他們的焦慮感受。

二〇一二年「臺灣年度代表字大選」的結果，「憂」占鰲頭，反映臺灣已經進入焦慮的年代。美國人憂慮的原因臺灣都有，甚至有過之而無不及。馬英九總統在平安夜希望大家一起努力轉「憂」為「優」，口說容易，但要如何以優質結果導向的行動，「憂」民所「憂」，才是政府必須面對的挑戰。

（本文刊載於今周刊第838期）

4 因緣際會改變人生

平實上班族洪肇謙和頂新千金魏佩怡的婚禮之媒體報導中都會強調，兩人在便利商店因認眞研發涼麵的共事機緣而日久生情的故事，因緣際會在戀愛和婚姻中的確扮演重要的角色。

同樣的，因緣際會在人生的事業、創新等各方面也扮演重要的角色。Google 就是兩位創辦人因緣際會的產品，一九九五年暑假，念史丹佛大學研二，個性外向的布林（Sergey Brin）擔任志工，導引已獲得入學但還沒有決定要不要就讀的新生認識學校和舊金山，沉默寡言的佩奇（Larry Page）正好被分到布林這組。好強的兩人一路上因爲對都市規畫的不同取向而爭辯，兩人都認爲對方令人厭惡，在這種爭奇鬥智的歷程中，卻也逐漸醞釀情誼。

果然，當佩奇在博士論文研究的過程中遇到難題時，就這麼吸引了數學才子布林加入他的研究團隊，那時布林正在幾個計畫中猶豫不決，尙未找到他最愛的論文題目，兩人的專長和情誼就水到渠成地結合在一起，而共創了 Google。

自我實現是在管理和教育方面最常被引用的觀念之一。倡導這個概念的心理學家，也是人本主義心理學之父馬思樂（Abraham Maslow），爲了求知，也爲了躲避反對他的婚姻和不續念法律的父母，從東部的大學轉到中西部的威斯康辛大學，在那裡他成爲剛拿到博士的心理學家哈洛（Harry

Harlow）的徒弟，自然就加入了指導教授的獼猴嬰兒與依附關係之實驗，師生建立了安全的依附關係，在婚禮當天，教授還帶他去購買西裝，並教他如何打領帶，這樣的因緣際會，讓他開始思考自我實現的概念。

取得博士回到紐約布魯克林學院教書後，馬思樂便開始接觸許多從歐洲移民到紐約的知識分子和心理學家，特別是他找到了兩位師父，一位是因撰寫有關日本文化的《菊花與劍》（*The Chrysanthemum and The Sword*）而聲名大噪的先驅女性人類學家潘乃德（Ruth Benedict），另外一位則是格斯塔（Gestalt）心理學的大師魏泰默（Max Wertheimer）。他發現這些人也都具有自我實現的特質，難得的因緣際會更強化了他自我實現的概念，不僅影響他的研究方向和方法，也開創了第三勢力的心理學。

提出社會學習理論的心理學家班度拉（Albert Bandura）認爲，因緣際會經常改變人生。不幸的機遇可能導致痛苦的婚姻、失敗的事業或悲慘的命運，但是更多的因緣際會卻能造就當事人幸福的婚姻、創意的發現、事業的成就和生活的快樂。會不會珍惜、能不能有效把握因緣際會，是心理學家應研究的課題，父母師長、領導人應該創造機會建置平台，讓良性的因緣際會促進人類的幸福，個人也需要學習有效掌握因緣際會，從此過著幸福快樂的生活。

（本文刊載於今周刊第683期）

5 反向思考的正面能量

這幾年在強調創造力和創新的重要性與實踐中，許多新概念、技巧、實作，甚至理論如雨後春筍般出現，例如破壞性創新、反向創新、簡樸創新、開放性創新等等。

在教育上，翻轉教育、偏鄉教育、弱勢教育和學生中心的教育也活起來。政治上，抗拒權威的黑箱作業和一人或少數人決定多數人命運的運動層出不窮，例如：中東茉莉花革命、臺灣太陽花學運，以及香港雨傘革命。

以往一些不可能的事情，已然成為事實，例如大男人小格局的臺灣民選出女性總統，而在軍人專制的緬甸，翁山蘇姬所領導的全國民主聯盟，則贏得逾八成民選的國會席次。

這些現象反映出反向思考的正面力量。在封建、獨裁、權威導向、階級分明的社會中，由上而下是常態。到了民主政治、公民社會的時代，由下而上或上下「齊」手，也逐漸變成了常態。反向思考是一種心態，一種觀念、一種架構，也是一種技巧。在速食普及之後，慢食就出現了，再擴大為慢活的生活風格。在人際關係中，領導人、教育工作者和父母，都會強調同理心的重要性，也就是反過來站在對方的立場，設身處地。這樣的角色取替，在講究創造力和創新的民主時代，特別顯得重要。

在心理治療中，反向思考也促發了「鬆弛訓練技巧」的發明。當一個人緊張焦慮時，我們都會說

「放鬆！放鬆！」但當事人就是放鬆不下來，生理學家雅克布森（Edmund Jacobson）應用逆向思考，反其道而行，要當事人先緊縮身體，然後再放鬆，這種現象和瑪莎．葛蘭姆最基本的舞蹈技能——收縮與伸展（contraction & release）是一樣道理的。

學者專家也會利用反向思考提示或培養創造力，要經理表現創意，或要學校、父母、老師進行創造力教學，的確很難令人了解。相反的，如果對老師、父母和政府官員、老闆，說他們如何謀殺創造力，那就很容易了解。提倡創造力的社會脈絡理論的哈佛大學管理學院教授阿瑪貝利（T. Amabile），認為在組織中創造力被扼殺的比被支持的機會多，也提出了組織中的主管如何扼殺員工創造力的行為。而在TED上面，到現在為止，被點閱最多的演講就是「學校扼殺了創意嗎？」

在上創造力的課程或工作坊中，通常會使用「打破前提」或「不問成功而問失敗」等等的技巧，例如：餐廳已有的假設是什麼，我們如何打破這些假設，然後再思考其他的可能性。如果餐廳都沒有餐具、廚房，那會是怎麼樣。如果動物園裡面關的是人，而由動物擔任管理員，又會是怎麼樣。如果做一件事情失敗，先問什麼造成失敗，失敗之後又有什麼後果等等。

賈伯斯（Steve Jobs）的名言「把每一天當作生命最後一天」類似的道理。其實在我們的文字、生活中，處處可見反向思考的表達，例如「失敗為成功之母」「置之死地而後生」「山不來就我，我來就山」「退一步，海闊天空」。

（本文刊載於今周刊第1005期）

6 馬屁心理學

拍馬屁的話題曾經在媒體與政治舞台上引起廣泛的討論。到底拍馬屁對人際關係或個人成就有什麼影響？拍馬屁和讚美都是討好別人的技巧，其分野在哪裡？心理學家又怎麼說？

美國的大學通常設有專職的辦公室來協助即將畢業的學生尋找工作，扮演學生與企業界「人找事」「事找人」的媒合工作，華盛頓大學的希金斯（Chad Higgins）和佛羅里達大學的賈奇（Timothy Judge）兩位教授發現，學生在進行求職面談時，使用討好技巧比使用自我推銷技巧有效得多。

討好的技巧包括公然表示同意面談者的看法（即使內心並不見得同意），以及對面談者的外型打扮或穿著品味給予讚美等。自我推銷的技巧則包括：敘述自己的成就或經驗，甚至吹噓自己的資格條件。他們最後發現，代表公司主持徵才面談的人對使用討好技巧的應徵者有較多的好感，也認爲這些應徵者比較適合進入他們公司和擔任出缺的職務，並且較樂意推薦使用討好技巧者給公司老闆雇用。最有趣的結論是，懂得拍馬屁的人在求職時的確有助於獲得工作。對美國大學生有效，那對英國的企業主管來說一樣有效嗎？歐彭（Anthony Guy Orpen）教授以一百三十六位在各自的公司已工作五年以上的經理人所做的研究，發現越會使用討好技巧的人，升遷與薪資也越高，而善於自我推銷者則與他們在公司內的事業成就沒有相關。

連來自電腦的馬屁都會產生正面效應，史丹佛大學佛格（B. J. Fogg）和納斯（Clifford Nass）兩位教授將一群必須與電腦合作玩猜謎遊戲的人分成三組，第一組接受真心誠意的讚美，第二組接受不誠懇的讚美，即所謂的諂媚，第三組則接受一般的回饋，結果發現，讚美不管是否誠懇都對受試者產生正面的影響，受試者在感覺或表現上都比較好，對人機互動經驗的評價也比較高。其實馬屁組很清楚來自電腦的誇獎與他們實際的表現沒有什麼關係，這也許可以說明唱 KTV 時，唱得好不好並不重要，反正電腦都會出現有拍馬屁嫌疑的高分，讓歌者雀躍不已。

那麼諂媚或拍馬屁與讚美的界線在哪？卡內基的分類方式和心理學家的界定是一樣的，**馬屁出自齒間，讚美則發自內心。那麼為什麼諂媚和讚美具有相同效果呢？原來人類都希望自己擁有正面形象，讚美或諂媚或來自他人討好行為，大都能夠滿足人們塑造正面形象的需求**，心理學家也從「相似互吸」的理論探討讚美和拍馬屁爲什麼讓當事人互相討喜的原因，當兩個人具有相似喜好共享意義時，通常都會互相吸引。

凡人如此，總統也不例外，心理學家還眞的分析了歷年美國總統在就職演說中到底會不會使用討好人民的技巧，他們發現從小羅斯福（Franklin Delano Roosevelt）開始的所謂現代總統，比他之前所謂的傳統總統在就職演說中更會使用討好的技巧，原因之一就是媒體與政治都需要討好他們的觀眾。

（本文刊載於今周刊第 459 期）

7 多點真心少些矯情

二〇一五出十一月二十一日上午，趁著陪優人神鼓到紐約布魯克林音樂學院（BAM）演出之便，趕到當代藝術博物館觀賞畢卡索的雕塑展。

一路上擔心擠不進去，到了現場卻意外發現幾乎所有同時到達的觀眾都是網路購票，高興地走近櫃檯，抬頭看票價，成人二十五美元，老人十八美元，便很開心地跟服務員說我要買一張老人票，在皮包裡急忙搜尋護照並脫口說：「我這樣子就是最好的老人證件，還需要護照嗎？」她微笑說：「你可以唬弄我，看起來一點都不像，你從哪裡來？」我說：「從臺灣來，是跟劇團到 BAM 演出。」她滿面笑容地說：「你是我今天的貴賓。」然後親手把二十美元還給我。

事後反覆思考她的眞心服務態度和被賦權的信任。一位櫃檯小姐可以當下決定使服務機構少賺十八美元，卻讓一名異國老人感受被信任的喜悅。門票上僅僅打出「員工客人」字樣。

員工被組織要求必須感同身受發自內心的演好服務角色，因此他們得調整心態讓自己感受正向情緒而表現內外一致的行爲。這種角色扮演稱爲「眞心」入戲的「深度扮演」（deep acting），櫃檯小姐的服務態度屬於這類。

相對的就叫做「矯情」或「表面扮演」（surface acting）。不管在影視中或舞台上表演傷悲時，無法入戲或取巧的演員通常都會用雙手遮著眼睛做出哭狀發出哭聲，這樣我們就沒有辦法從眼神判斷他是否眞心入戲。

我們通常會運用言不由衷、虛情假意、貓哭耗子、皮笑肉不笑等等成語，形容人際互動中的矯情行爲。店員的歡迎光臨和謝謝惠顧以及空服人員在門口排隊感謝正在下機的顧客，就是公司強人所難的矯情要求。

臺灣的一些官商領導人物，因出錯而被要求公開鞠躬道歉時，同樣地，從語氣和肢體都可以嗅得出來不是眞心而是矯情。大陸最流行的開場白，從一系列尊敬的長官到「我今天非常激動」的表達，大多也是言行不一。怪不得廣州政府從會議主持詞到介紹出席人員和稱謂都另立規定以減少矯情行爲。

研究指出長時的矯情有害身心健康，例如情緒的耗竭、工作的厭倦、備感壓力、焦慮不快樂、減少工作的成就感等等。這就是為什麼我們必須因工作角色或任務的要求自動調整心態讓自己真心入戲而不要矯情應付，當然最好是樂在工作。

我連名字都不知道的那位信任外國老人顧客的櫃檯服務人員，她如果不是眞心演出就是樂在工作。

（本文刊載於今周刊第 992 期）

8 假謙虛真吹噓

一群人在北京一家夜店吃喝玩樂。

一名富二代說：「老子窮得只剩下錢，今天晚上全部由我買單。」

官二代則說：「本人向來低調，但不管你點什麼歌，只要唱歌的人在北京，我可以把人叫到現場演唱。」

一位女客立即翻開點歌單選了一首〈在希望的田野上〉，演唱者是彭麗媛。

這是網路上一則笑話。官富二代兩人都在炫耀自己，但同樣「假謙虛眞吹噓」。

一位成績優秀的同學，且叫她謙勤，研究所畢業後暫任指導教授的研究助理，並積極找工作，但每到面試關頭總鎩羽而歸。原來，她接受教授的建議，找工作時要盡力推銷自己的優點，同時也要表現謙虛。遵守這樣的建議，她每次應徵都會細數自己的優點，並強調比其他人成績更好、能力更強。被問到缺點時，她的回應公式都是：「我最大的缺點就是追求完美、做事太認眞。」

組織行爲學者稱官富二代和謙勤的這種現象爲「假謙虛眞吹噓」（humblebragging）的自我推銷策略。

在社會媒體發達的今天，這種以謙虛之名行吹噓之實的行爲相當普遍。美國哈佛大學博士生塞翟

（Ovul Sezer）和兩位教授的研究，得到幾項有趣的發現：第一，一般人在推特（Twitter）上使用這種策略的確相當普遍；第二，有七七%大學生在找工作面談時，表示不會暴露自己明顯的弱點，反而會假謙虛眞吹噓，其中以使用完美主義和太認眞當缺點的策略最爲普遍；第三，抱怨和吹噓都不是討喜的策略，假謙虛眞吹噓則更令人討厭。

英國倫敦大學斯科佩利蒂（Irene Scopelliti）等三位跨國教授則以美國一家群衆外包平台的員工爲研究對象，發現當員工想爭取別人好感時，和大學生一樣，的確會過度自我行銷，因爲他們都會高估正面效果，而低估別人對這種自我推銷的厭惡程度。

約會、工作、教學、會議、選舉等等的人際互動中，希望給別人好印象，贏得別人歡心是人之常情。尤其在選舉時，候選人更會過度自我推銷，吹噓自己的優勢、揭露對手的缺點，甚至採用暗黑行銷術（編按：以炒作、引起爭端等旁門手法來達到行銷目的），臺灣如此、美國如此、日本也如此。

比利時魯汶大學胡仁斯（Vera Hoorens）等三位跨國同行所做的研究，則發現閱聽人討厭揚己貶人的優越感行銷，而比較接納懂得反省的自我長進者。

總之，在人際互動中，希望發揮影響力不惹人嫌，假謙虛真吹噓和揚己貶人都不是有效的策略，分享自我長進的故事才是值得推薦的自我行銷法門。

（本文刊載於今周刊第980期）

9 衝動型vs.沉思型思考風格

看見新來的朱總經理匆忙地走來，資深的女祕書面帶微笑提醒他：「老闆，你的車庫好像沒有關好！」老闆不假思索立即回應：「好好上你的班吧！」

大約一小時後，朱總驚醒中想起非常受員工愛戴的前總經理的忠告「坦誠幽默因應公司內尷尬的人際場面」。自以為擅長溝通的他於是對著祕書說：「你剛才在車庫裡是不是看到曲線美、馬力強的保時捷？」

祕書想了一下，然後自在輕鬆有節奏地答：「老闆，我看到的是一輛老爺車，加上兩顆洩了氣的輪胎。」

立法委員質詢官員時，期待官員立即回答。新官上任，還沒有弄清楚角色任務，記者就追問並期待他們立即勾勒施政計畫。我們的社會從小就希望孩子在面對考試、回答長輩提問時能夠反應快。反應快未必容易出錯，但有一種人在思考、回答、表達、溝通或做事時，習慣立即反應，卻錯誤百出，眞的應驗了「食緊摒破碗」「欲速則不達」的說法。心理學上稱這種人的心智習慣為衝動型的思考風格。

朱總沒有傾聽掌握女性下屬得體的比喻，還誤以為她愛管閒事，因而失去了啓動互信的良機，等他清醒後，又誤解了幽默因應的使用情境。畢竟他上任不久，這種必須在天時地利人和條件下使用才能發揮效果的比喻，搞不好還會被解釋爲性騷擾。

這種衝動型的思考風格似乎有越來越多的趨勢，我們經常看到有關在網路上立即反應，因而惹禍的現象。在網路資訊傳達快速，而且多如過江之鯽的今天，不假思索只看了一部分就立即做回應，卻沒有仔細傾聽作者或訊息的眞正內容。這種衝動型的回應在面對面的交談中，也屢見不鮮。別人說話或表達觀念時，衝動型的人會立即插嘴或接話，問題是他們常常猜錯對方要表達的內容和重點。同輩之間尙且如此，更何況當員工、學生、下屬、平民被要求回答或表達時，權威人士的立即搶話或自作聰明接續表達者的句子，就不足爲奇了。

資深的祕書是心理學家心中的沉思型思考風格的人，她定位清楚、人緣好，而且備受前任總經理信任。她面對權威懂得深呼吸、不疾不徐、輕鬆自在而且有節奏地與老闆應對。她創意地「以牙還牙」，卻不失身分，就是因爲她懂得「慢工出細活」「三思而後言」。

在衝動型的思考風格越來越普遍的時候，沉思型的人特別值得我們珍惜。

從媒體上看到太陽花學運的代表人物林飛帆等人，在回應問題、表達想法、提出要求時，都展現了沉思型思考風格的特色，在這裡我看見了青年人領導臺灣未來的希望。

（本文刊載於今周刊第903期）

10 不要成為怒氣的奴隸

住在美國的一位同學在愉快的談話中，突然說：「你知道嗎？我以前到超級市場、中國城買臺灣的產品總是信心滿滿；看到頂新假油的報導後，眞的不曉得已經吃了多少的泡麵和罐頭，突然有種被騙的感覺，對企業良心和政府把關不當太生氣了。」

一名剛結婚的年輕人，在父母抱孫心切的催促下正準備養兒育女之時，聽到同事說他的嬰兒每個月平均需要兩萬元左右的奶粉、營養素、尿布等等的開銷，決定暫緩生育計畫，因而激怒了父母，難得意見相同的兩代一起怒罵政府沒有苦民所苦。

一位去年從美國回來的博士，好不容易在一所私立大學找到一份約聘的教職，可是大家卻說這所大學過不久就須退場，他越想越氣卻不知所措。

這三個人的生氣只是冰山一角，更多的憤怒則化爲抗議行爲或群衆運動；連最近上海市浦東新區臨港鎭居民都因擔心電池廠會造成汙染，而走上街頭抗議政府在當地蓋電池廠，在警民對抗中，有人受傷、有人被捕；類似香港的雨傘革命和臺灣的太陽花運動，也在許多國家屢見不鮮。

近幾年，更因網路的方便而助長了生氣表達的速度和散布。美國一些心理學家努力地尋找「爲什麼許多人在網路上如此生氣」的可能原因，他們相當一致的看法是網路上的評論通常不具名，而且憤怒的表達者與其憤怒的對象之間有一段距離，何況隨時隨地在網路上Po文留言比口述容易表達。根據科羅拉多州立大學心理學教授、《克服怒氣》（*Overcoming Situational and General Anger*）一書的作者狄分巴契（Jerry Deffenbacher）的憤怒模式，生氣通常來自三個元素的組合，第一是導火事件、第二是表達者的個人特質、第三是個人對情境的評估。

憤怒總是有原因的，頂新的食安事件是很多人憤怒的導火線，認為什麼都漲就是薪水不漲、辛苦念完博士卻必須爲五斗米折腰，也是生氣產官學的觸發事件。但同樣的觸發事件不見得會激起所有人同樣程度的生氣，有些人認爲事不關己，不會有生氣的感覺，有些人比較可以發揮同理心，即使事不關己也能感同身受、設身處地。

憤怒的普及性已經影響很多人的身心健康、工作和生活；美國心理學會的網站上特別提醒「在生氣失控之前先掌握自己的憤怒」，也就是說我們不能成為情緒的奴隸，而必須是情緒的主人。掌握自己的情緒而不失控時，我們便可以轉化生氣、發揮創意解決問題。成功的社會改革都是以憤怒啓動而以創新收成。

（本文刊載於今周刊第935期）

11 養成反思的習慣

二〇一四年高雄的氣爆案還在處理善後，新北市就發生了瓦斯爆炸案。原本希望適性揚才、免試升學的十二年國教，事與願違地增加了學生、家長和老師的焦慮。能否從這些事件中領悟治理處世的智慧，就得看領導人、實踐者和所有相關的人是否有效反思。

反思可以發生在事前、行動進行中和事後，可以「隨事」隨時反思，也可以刻意框架時間進行反思。爆炸案和升學事件發生後，在整個善後處理過程，以及對未來的願景和規畫，都需要反思的行動。

以現在臺灣的政治環境來說，政治人物大概只能隨時隨地抽空沉思、傾聽自己內在的對話和別人的聲音，愼思熟慮；心理學家和組織行爲專家，則會進一步建議有目的性地規畫正式時間，進行個別或團隊反思。

比爾．蓋茲擔任微軟的 CEO 時，每年都有兩次「思考週」（Think Week）的安排，到隱密地方進行反思，回想過往的經驗、想像未來的願景、策略和個人發展。在思考週內，他大約閱讀百篇有關未來科技趨勢和產品創新的報告；同時也會思索並回應員工創意發想的觀念和建議。他個人投入基金會從事教育和社會創新，就是反思的啓示。

每個人都會有不同的直接或間接經驗，雖未必能像蓋茲那樣安排思考週，卻可以有目的地抽出短暫時間反思。

哈佛大學管理學院教授吉諾（Francesca Gino）等人進行兩個實驗室的實驗和一個田野的實驗，驗證反思的確可以促進工作表現的假設。在田野實驗中，將印度的一家公司接受在職訓練的新進員工分派至反思、分享和控制三組。

反思組到了訓練的第六天，研究者告訴他們：「請利用十五分鐘的時間反思今天剛完成的訓練，你學到了什麼？請至少寫下兩點並詳述之。」整個實驗共進行十天，每天結束後都做同樣的反思任務。分享組則同時反思和分享，研究者要求他們在十分鐘的反思之後，再利用五分鐘和另外一名受訓員工分享各自的反思。控制組則只利用十五分鐘的時間做別的事。

研究結果，支持了兩個實驗室實驗的主要發現，即相較於控制組，反思組和分享組的員工都顯著地增進工作表現。

我們的正式和非正式教育一直缺乏反思演練的機會，教室上課或在職訓練排滿滿，卻捨不得那十五分鐘的反思，或反思加分享的時間；一個會接著一個會，雖有問與答或主席下結論，但就是缺乏參與者的反思。

在面對危機挑戰的此刻，我們特別需要養成反思的習慣。

（本文刊載於今周刊第923期）

12 世代溝通的成人自我狀態

二〇一四年四月十日太陽花學運退場，將議事槌歸還立法院；五月二十日，馬英九總統在就職六周年的演說時，宣布行政院將成立以三十五歲以下青年爲主的青年顧問團。

總統、行政院長以及大部分產官學研握有職位權力的決策者，都屬於戰後嬰兒潮世代（一九四二～六四年出生），太陽花學運的參與者則屬於Y世代（一九八〇年以後出生）。

世代之間都各有其成長經驗、關懷議題、未來想像、自我認知、生活風格和溝通方式，這些差異應該是構成激發創意的多元社會之有利元素。因此，世代之間的溝通，不能只看年齡而必須超越外表；尼克森和甘迺迪在競選美國總統時，尼克森嘲笑甘迺迪，認爲他太年輕，甘迺迪回說，不能只看外表和髮色，而是要看頭髮底下的腦袋是否有智慧，就是這個道理。

根據人際交流分析的觀點，雙方在互相了解、解決問題和建立共識的過程中，自我狀態的定位影響溝通的形貌究竟是互補還是交錯。學運期間，有些長者以撫育父母的自我狀態，苦口婆心地勸說「孩子回家吧！」也有一位長者，則以批判父母的自我狀態首肯「白狼替學校打學生耳光」。

其實，兩個世代之間都可以成人的自我狀態互補溝通，**成人的自我狀態之互補溝通是在支持而不是防衛對方；支持性的溝通強調平等的夥伴關係，是理性、開放、自我反思、真情流露、出於同理心**

地關懷對方、富有彈性、也充滿多元可能性；防衛性的溝通則假設雙方對立，採取獨斷封閉的策略，矯情應付、責怪、抱怨、忽視甚至嘲弄對方，一不小心就會演變成你死我活的輸贏衝突。

組織行爲學者在研究溝通中試圖影響對方的技巧時，發現在向上溝通時，理性的說服最有效，而對下溝通時，激勵的訴求最有效；不管向上或對下或平行的溝通，諮詢的態度和技巧都有效。施加壓力和在沒有得到對方的信任時，試圖運用個人魅力的訴求效果最差。

《美學 CEO》的作者吳漢中，在杜克大學就讀 MBA 時，有一天上完行銷策略課後，對莫爾曼（Christine Moorman）教授說：「您知道您正在教一門設計思考行銷課嗎？」這位老師居然高興地說：「願聞其詳。」在推薦這本書的序文中莫爾曼說：「於是漢中在二〇〇九年夏天成了我的老師。我們展開爲期三個月的深入研究，試圖從中找出最佳方法，教那些未來經理人如何在我的行銷策略課程裡運用設計思考。」

這就是世代溝通的成人自我狀態之典範。

（本文刊載於今周刊第 911 期）

13 轉換心態，不怕演講

《歡樂單身派對》（*Seinfeld*）是一齣長達十年的美國喜劇節目，宋飛（Seinfeld）親自演出劇中主角宋飛。他曾說：「根據多數研究，人們最害怕的事是公開演說，然後才是死亡……。這意思是，對一般人來說，如果你去參加葬禮，躺在棺材裡要比致悼辭來得輕鬆。」美國不少的研究說明，每四人中就有三人害怕公開演講，在英國、法國也都有類似的現象。

其實許多名人也害怕公共演說，演員布魯斯威利、茱莉亞羅勃茲都曾經因口吃而害怕公開講話。股神巴菲特讀大學時，爲了避免在大衆面前發表，刻意選修那些不必講話的課程，後來花錢報名公開演說的課程，可惜還沒開始上課就退選；一直到二十一歲開始投入他的證券業務工作時，才下定決心徹底克服公開演說的恐懼。

巴菲特有一次接受年輕女性事業網站 Levo League 訪問時表示，年輕時學會溝通是成功的基石，而學校卻忽略了溝通的重要性。他說：「如果你不能夠和別人溝通，將觀念傳遞給別人，那麼你就會放棄你的潛能。」

的確，人類不可能完全不害怕演講，相信自己完全不害怕演講的人，如果自以爲開口就能說服別人，結果可能事與願違。成功的演說家，要懂得接納害怕演說的事實，及了解並管理焦慮的情緒。

不管是自我暗示或專家建議，通常都會勸當事人放鬆冷靜，不要緊張，以降低焦慮。但實際上，害怕演說的人還眞的是放鬆不起來，有時甚至弄巧成拙。因爲這時候他心裡所想的，大部分是焦慮帶來的威脅，而不是機會。

哈佛大學商學院教授布魯克斯（Alison Brooks）認爲，在演講前換個心態，從消極負面的威脅轉移到積極正面的機會，反而比較容易克服害怕。如果演講者告訴自己，這次的演講是令人興奮的事，就可能專注在如何把演講做好。

她實驗的結果，果然說明那些說服自己這次演講令人興奮的受試者，相較於那些告訴自己冷靜放鬆的人，即興演講的時間比較長、演講的效果也比較好。

她的解釋是，**焦慮和興奮都是情緒激昂的狀態，所以換個腦袋把焦慮視為興奮，而不是強迫自己冷靜對抗演講的焦慮，比較能夠正向思考發揮演講成效。**

密西根大學「科學技術和社會學程」主任愛德華（E. N. Edwards）教授寫了一篇有關〈如何發表學術演說：改變在人文領域的公衆演說文化〉的文章，在產學各界廣爲流傳。他認爲有效演說最難的部分，是讓演講變得有趣，甚至娛樂聽衆。很多人誤以爲娛樂聽衆的演講是沒有深度的，其實激發聽衆愉悅的心情，才能讓他們專心傾聽。用創意讓演講變得有趣，就是正向思考心態最具體的實踐。

（本文刊載於今周刊第899期）

14 施與受的動態關係

這個世界充滿相互矛盾的現象，我們從小被教育施比受更有福，助人爲快樂之本的道理；另一方面也被灌輸不要輸在起跑點，要贏過別人的觀念。許多人因此養成斤斤計較分數、業績、選票的心態；當然我們也要奉行公平正義的待人處世之道。

無私奉獻、需索無度與講究公平的三種言論、新聞或故事，也因此垂手可得。這些現象看似平常，但對賓州大學華頓商學院教授葛蘭特（Adam Grant）來說，卻是値得深入研究的議題；並且將探討的結果撰寫成書，與大衆溝通。他稱奉獻或助人者爲給者或施者（givers），貪心愛拿好處者爲取者或受者（takers），那些給與取旗鼓相當者爲平衡者（matchers）。

極端的取者認爲，人不爲己天誅地滅；在人際交易中，他們考慮的是自己而不是別人的需求，總是取多給少。在子女或兄弟爭產，官員貪腐論辯中，沒有人會承認自己拿多給少，但總有一方會被控訴只取不給，或取多給少，甚至於貪得無厭。

這樣的人通常在參加公益活動時，會把給予當作策略應用，眞正的目標只在爲個人或組織塑造良好形象，或暗中撈取更多的實質好處。

極端的給者常常爲別人犧牲奉獻，但其實不必如此，只要實踐助人爲快樂之本、仁愛爲接物之本的青年守則，與施比受更有福的理念就可以了。

給者「發乎情，止乎禮」就是樂於助人，如果要考慮好處，一定是認定對被幫助的人有好處而不求回報。在工作中，最常見的行為是和人家分享知識、經驗與資源，引薦別人、促成別人的合作或協助建構網絡等等。

大部分的人都不是極端的人，有些人給多一點，有些人取多一點，但通常會力求平衡。這種人講究的是公平正義，相信「君子愛財，取之有道」「己所不欲，勿施於人」「取之於社會，用之於社會」的道理。

這三種人在事業上的表現如何呢？葛蘭特整合自己與別人的研究發現，在工程師、銷售員、醫學院學生等群體中，這三種人都同樣有成功的機會，但是給者的成功會產生「一人得道，衆人升天」的漣漪效應。以比利時醫學院學生爲對象的研究，顯示給者在第一年的成績不佳，到第二年就趕上了其他同學，到第六年，他們的成績則又優於同儕，第七年變成醫師之後，他們的成就就更爲凸顯。葛蘭特解釋，醫學院的學生年級越高，其成功越仰賴團隊工作與服務精神，而這正是給者好心有好報、近朱者赤的結果。

吳念眞編導的《人間條件五》就是因爲深刻創意地反映給者、取者與平衡者之間的衝突及互惠的動態關係，而引起共鳴。

（本文刊載於今周刊第 859 期）

15 自戀的時代

呂俊甫教授花了十二年的時間，透過問卷調查、面談等方法，以受過至少兩年大專教育的中、港、台和旅居美國的華人爲對象，做了詳細的華人性格研究。

這些華人大部分是二十～六十五歲之間，總共收回二六四〇份問卷，他也親自面談了大約兩百人。其中有幾個特別有趣的發現，一個是衆所周知的「高成就動機」，以及毫無意外的「重視權力」，另外一個令人吃驚的發現則是「自戀」。

一般人以爲自戀是攬鏡自賞、愛現、注重外表，以及喜歡成爲衆所矚目的焦點、愛面子，其實這些只是自戀的一小部分。心理學家發現自戀的人格至少可以包括崇尙權威、自立自足、優越感、好大喜功、渴求特殊待遇、操弄別人，和重視外表孤芳自賞這七個因素。

這幾年心理學家利用各種方法，研究領導人和大學生自戀傾向的變化，發現這些人的確比以前自戀。從影音媒體的節目、書報雜誌、廣告甚至教學，都在鼓勵自戀的行為；社會心理學家也從不同的角度，驗證社會中越來越自戀的現象，例如肯塔基大學的社會心理學家德沃（Nathan DeWall）運用電腦技術，分析三十年來美國暢銷歌曲的歌詞，I和me的字眼越來越多，we和us的字眼則越來越少。

我們也可以從組織內部文件、對外宣傳資料、網頁以及成果發表會時所占的文字、圖片等篇幅，來分析企業界主管或是政府領導階層的自戀程度。

越自戀篇幅越大！

心理學家認爲，喜歡操弄甚至剝削別人、爭功諉過、缺乏同理心、自以爲是、相信官大學問大、永遠渴求特殊待遇和享有特權的自戀者，才是有問題的。

但許多自戀領導者確實發揮領導功能，產生正向效果。領導學專家麥考比（Michael Maccoby）博士稱這樣的領導人，是具有生產力的自戀領導者。

許多在媒體上成爲偶像的創業家、CEO，例如比爾·蓋茲、賈伯斯、威爾許（Jack Welch）、歐普拉（Oprah Winfrey），就是這樣的人，他們的優點是有夢想、有願景、有魅力、有能力、自信滿滿、重視形象，也都能找到腳踏實地值得信任的共事者。夢幻騎士唐吉訶德就是這樣自戀的人，他的隨扈桑丘總是會及時支援他。成功的自戀領導人出事時，太太大多會扮演這樣的角色。

呂俊甫的研究發現，不少受過高等教育的華人，的確逐漸被教養成爭第一、愛面子，崇尙權力期許帶來地位、特權、勢力或財富的自戀者。他們會誇大自己的長處和自命不凡，覺得自己應該享有特權、得到別人的誇獎、重用和注意，如果沒有，便會覺得懷才不遇、揚己貶人。追求權力又自戀的性格，很難接受自己的過失和別人的批評，而爲了保住面子，也常常推諉卸責。

（本文刊載於今周刊第753期）

16 守門人的實質影響力

如果一九九四年中央研究院表決通過錢永健爲院士，那麼二〇〇八年之後中研院就多了一位獲得諾貝爾獎的院士。

根據《中國時報》陳至中的報導「曾參與表決的院士透露，錢永健的學術成就無庸置疑，但與臺灣學界較爲疏離」，因而落選。中研院院士產生，至少要通過提名、資格審查和最後選舉，每一門檻都有一群參與決策的守門人。

一九四七年，社會心理學家勒溫（Kurt Lewin）提出渠道或通路理論及守門人概念，以了解社群中社會變遷產生和擴散的歷程。勒溫認爲每個渠道都有不同的階段，階段中又有不同的入口或門檻，而每一道門檻都有一或多位守門人把關或掌控。

一九五〇年，新聞學者懷特（David White）應用守門人的理論，研究記者和編輯等在衆多新聞中如何審核篩選消息，這些新聞從業人員就是守門人。在網路發達大量資訊可以隨時隨意取得的今天，守門人的概念也因此在改變。

心理學家契克森米哈賴（Mihal Csikszentmihalyi）訪談了九十一位包括諾貝爾得獎人和創新的企業家等傑出人士之後，提出創造力的系統理論，認為個人創意是否能夠進入領域的知識，都需要經過學門或行業中守門人的篩選和肯定。

加州大學和史丹佛大學的兩位管理學教授，研究好萊塢電影製作人及其他有決定權的守門人，如何藉著創意評鑑會議，來判斷尚未成名的電影劇本創作者的潛在創意。結果他們發現，守門人是經過雙重處裡的歷程，第一個歷程稱之為「個人分類」，守門人將提案者分為七種原型，被認為創意潛能最高的兩種人稱為藝術家及說故事者，被認位創意潛能最差的是毫無創作才能的非作家；其他四種被認為是創意中等。

第二種處理歷程，是守門人將與提案者的互動發展和感覺分為兩種關係。第一種稱為「創意合作」，兩人在互動中形成夥伴關係，互相修改潤飾發展提案中的觀念；第二種稱為「專家—無能配對」，守門人以比新手在行劇本寫作的角色，在互動中對提案者不斷地教導、辯解、插嘴、提出要求等等。

耶魯大學兩位心理學家在研究中也發現，音樂的守門人與演唱及演奏家之間也有類似的關係類型，守門人較喜歡具音樂性才情，和在團隊中能夠建立投緣成長關係的創意藝術家或創作者。

錢永健與當時的守門人就缺少了人際互動機會，但我相信他一旦被選為院士，應該會與臺灣發展出親近、合作、投緣的關係。許多人都認為美國創意最蓬勃時就是引進外國的精英，楊振寧、李遠哲等只是其中的少數。

（本文刊載於今周刊第618期）

17 培養復原的知能

九一一的不幸事件雖然事件發生在紐約，卻也讓我們感到不安和不便。SARS 不是源自臺灣，卻給臺灣造成災難，而九二一地震和東南亞海嘯所造成的傷害，之後多年仍然「餘波盪漾」。人的一生難免遭遇天災人禍所帶來的挫折，在日常生活中我們也會面臨工作不順、感情不歡、身體不適、遭人誤解、飛來橫禍等逆境。賈伯斯二〇〇五年六月十二日應邀在史丹佛大學的畢業典禮上，就以他三個曾經面臨的逆境及如何復原的故事來勉勵畢業生。

十七歲時就讀非常好但昂貴的大學，才讀完一學期便把養父母一生的積蓄用光，他毅然輟學，專心選修書法學一門他有興趣的課，睡在朋友房間的地板，以販賣可樂的瓶子來換取食物。十年後在設計第一部麥金塔電腦時，主動旁聽所學的書法知能自然而然脫穎而出，人生的點滴經驗從此連結。所以他勉勵大學生必須相信點點滴滴的學習經驗，在他們的未來總會互相連結，「你必須相信你的勇氣、命運、生活、因緣等等，這樣的態度從來沒有讓我失望，反而對我的生命影響很大。」

第二個故事是有關他的最愛與損失，三十歲時被自己創辦的公司開除，他失去了事業上的最愛，但從這個逆境中他建構出意義，不能因爲在蘋果電腦公司（*Apple Computer*）的失敗而否定對電腦的熱愛，他重新開始成立 NeXT 與皮克斯公司（*Pixar*），反而擁有更多的自由空間，進入他一生當中最有創意的時段，不僅新公司創造了《玩具總動員》（*Toys*）《海底總動員》（*Finding Nemo*）等電影，他同時也找到了婚姻上的最愛。後來蘋果電腦公司購併了NeXT，他重回蘋果電腦，他認爲如果沒有被蘋果電腦公司開除的經歷，那些美好的愛戀就不會發生，人一定要找到他的最愛，不管在工作上或愛情上。

他的第三個故事是面對死亡，一年多前他罹患癌症，醫師告訴他只剩三至六個月的存活時間，後來託高科技醫療與人生的因緣際會之賜而痊癒，他一樣從面對死亡中領悟人生，他說：「沒有人喜歡死，死亡可能是生命中的最佳發明，它去舊迎新。」他對大學生說：「現在的『新』是你們，但不久以後，你們就會變老而被清除殆盡。」

大多數的生命故事可能不像賈伯斯這樣的戲劇化，而一向幸運的美國人也從來不曾想到會發生九一一事件，總是在艱困中成長的臺灣更需要培養賈伯斯因應逆境的「復原」（resilience）知能。

怎麼樣培養復原的知能呢？以下六點建議就是賈伯斯從逆境中快速復原，且完全符合心理學忠告的知能：**一、建立互相支持的網絡。二、認定改變是生活中的一部分並勇敢面對改變。三、從過去的經驗中發現自我並創意連結。四、找到或確認自己的最愛。五、培養樂觀希望的積極態度。六、從逆境中建構成長的意義。**

（本文刊載於今周刊第455期）

18 來一場「熱情運動」

我非常喜歡閱聽別人的生命故事，尤其是有關創意人如何成爲創意人。這些創意人都有一項共同點，那就是「做他們所愛，愛他們所做」，對他們的所作所爲深具熱情。

因《色戒》而獲得金獅獎的李安，對戲劇和電影的深度熱情，使他在大一時沒有接受父親和北一女校長的建議，而去讀藝專的影劇科。第一次站上舞台，就讓他領悟到「是戲劇選擇了我，我對它無法抗拒」的熱情。

當時擔任明星高中校長的父親希望他留美學戲劇、拿博士，但是最後他還是選擇念電影，一讀電影就知道走對了路；拿了碩士之後沉潛了六年才得以實踐熱情、展現夢想、發揮創意。獎項再怎麼多，票房再怎麼好，他仍盡心盡力不斷地尋找素材、尋找故事，符合愛因斯坦所說的「熱情洋溢的好奇」「比別人對問題更長久的堅持」。

最近同樣在臺灣掀起風潮的蘋果電腦共同創辦人沃茲尼克（Steve Wozniak），不滿四歲時就在父親的引導下接觸電子零件和基本電學知識，播下對電腦的熱情種子；到了高中，意外地看到一本電腦手冊，從此迷上設計迷你電腦，堅持從小的夢想，「不做主管，只想做一位用發明改變全世界的工程師」。

這幾年心理學家也開始正視熱情的研究，發展相關理論。以個人參與活動的熱情爲基礎所發展的熱情理論，主張個人喜愛並投入的活動會內化至個體的核心自我，而成爲自我認同的要素，也就是說這些活動成爲他們界定自我的必要條件。DNA 雙螺旋結構發現人之一的克里克（Francis Crick）在而立之年，才決定攻讀基礎科學博士。當他不知道如何選擇時發現，平常和朋友閒聊時，自己最常談論的話題，大概就是內心深處最想探索的主題；閒聊的確是檢驗熱情的良方。

這樣的熱情稱之爲和諧熱情，是指個體根據自由意志選擇自認為重要的活動，同時又能與生活中其他部分協調融洽，個體可以從積極投入活動中發現新事物、激發創意。如果沒有和諧的熱情，愛因斯坦在十歲時，會因爲被老師指責「你未來永遠不會有什麼成就」而放棄追逐探索物理；歌王卡羅素（Enrico Caruso）會在第一位聲樂老師對他說「你的聲音聽起來就像風吹透玻璃」而停止歌唱。熱情的確是成功的動力、創意的活水。

迷戀分數與績效的臺灣從家庭開始，到學校以至整個社會都不太重視熱情的教育，多數的大學生被要求說出能夠激發他們熱情的活動時，仍然是以感官的活動爲主。在強調創意創新、幸福快樂的時代，首先要做的可能就是來一場「熱情運動」！

（本文刊載於今周刊第 565 期）

19 組織中的偏差行為

林東要退休了，四十五歲似乎早了點，可是當醫師告訴她：「帶狀皰疹是多年壓力累積下，不自覺發生的症狀。」她開始深度檢討。她的公司很像公務機關，規規矩矩、按部就班是常模（norm），但總免不了危機處理、建立新客戶、認識新產品、學習新技術或趕工，在這樣的機構中，林東是老闆和多數同事喜歡的「奇」人，她的所作所爲偏離了常模。

其實，和林東同時進入公司的林西和林南便是她壓力的來源。林西具備友善的霸氣，很會張羅人際關係，上班時間常遊走在三層樓的辦公室中假裝忙碌；在公司需要趕工、認識新產品、學習新技術時，她常因缺乏動機而趕不上進度，在關鍵時刻，偶爾也會利用請假來抽離挑戰的情境，她知道林東很好說話、學習動機強而且對新工作或新技術很快便能上手，便常向林東求助。而林東也樂意伸出援手，幾年下來，林西的部分責任便成了林東的當然工作。

林西並未在工作中成長，也沒有與時代並進，而林東則是典型「終身學習」型，她樂觀積極、願意幫助同事解決與公司相關的問題，公司任何活動，她都會主動參與，也就是說，她爲公司的付出遠超出工作的要求，她這些偏離常模的行爲在組織心理學家的研究中稱之爲「組織公民行爲」。這些行爲雖然都是她自願的，可是偏離常模太多，因此有些同事還戲稱她爲怪胎，所以她偏離常模的行爲也可以稱之爲「建設性的偏差行爲」。

更怪異的是她和林南的關係，林東同情林南身爲長男的壓力，居然把晉升經理的機會讓給林南。不久後，林南經理架式十足地指示林東接下一些經理該完成的工作。

林西也因爲沒有當上經理而對林東與林南產生不滿的情緒，這三人的關係越來越緊張。林東深度思考後才恍然大悟，這些點點滴滴的不滿和生氣的情緒已經累積到爆發的臨界點。

林東、林西與林南的行爲都是組織中的偏差行爲。所謂偏差行爲是指偏離常模的行爲。林西和林南的偏差行爲是負面的，對組織的損害不容忽視，根據班尼特（Rebecca Bennett）和羅賓遜（Sandra Robinson）的定義，**所謂職場上的偏差行為是指違反有意義的組織常模之自發性行為，這類行為會威脅到組織、組織成員或二者同時受到威脅。不管這些行為是否缺乏行為動機或是有意的，都會對組織造成不利影響**。

他們認爲這些負面的偏差行爲又可分爲人際上和組織上兩種。所謂人際上的偏差行爲包括違反同事之間和諧，因而影響工作效率或品質的任何行爲。組織上偏差行爲則是指任何破壞財物設備、遲到早退、怠慢工作、將公司重要資訊對外爆料等等。

林東的偏差行爲則是正向建設性的，她早該得到應有的讚許和認可，她的退休對公司是損失，對了解她的人卻是如獲至寶。

（本文刊載於今周刊第492期）

20 自我監控的重要性

在MBA課程中，學生被隨機分派至四到五人小組，每組都是男多女少的組合，他們的任務是在一學期中共同完成一個團隊計畫，運用課堂上、自己閱讀與其他方式所學，以及過去累積的經驗，來完成對某家公司的兩個部分之報告，第一個部分是分析該公司收支情形並預測其未來成長與獲利的可能；第二個部分是分析該公司的競爭策略及其組織結構等。

即使在美國這類異性組合的工作團隊中，女性還是難逃給人溫柔、同情、協助與缺乏果斷之角色刻板印象，這樣的刻板印象常常影響團隊成員對女性成員的判斷，例如在討論、決策的過程中，女性的影響力常被低估。哥倫比亞大學管理學教授弗林（Francis Flynn）和埃姆斯（Daniel Ames）認為自我監控（self-monitoring）的行為可幫助女性克服不利工作的刻板印象。他們的研究果然發現，自我監控行為可以增加女性的影響力，以及團隊成員承認她們對團隊貢獻的知覺。

什麼是自我監控的行為？個人在人際互動中，能敏銳觀察社會的線索，進而調整自己的行為配合社會情境，完成工作的需求，這就是自我監控行為。那麼，為什麼男性在異性組合的團隊中不需要特別展現自我監控的行為呢？在社會刻板印象中，男性本來就被要求展現果斷積極與主動掌控情境的行為。但不是所有團隊都是男多女少的組合，也可能是全部同性或男少女多的團隊組合，基本上更多的是組織中正常互動的工作關係，而少有長期執行專案的小組團隊，所以在組織中，自我監控的行爲對男性還是有幫助的。

個人在社會情境與人際關係中，如何呈現自己，會因爲自己在觀察、調節並控制自己的公衆印象之程度不同而有所差異，**高度自我監控的人通常比較會監控自己呈現的形象，也比較配合周遭的社交氛圍；而低度自我監控的人容易強調「我就是我」，不管情境上的需求或變化是什麼，他們堅持真我與行為之間的一致性。**

衝突時，高自我監控者比較願意採取合作或妥協的方式解決問題；而低自我監控者則比較喜歡採取抗爭，或退讓或表達自我想法或感受的方式來解決問題。高度自我監控的主管，比較會採取權變的方式領導下屬，以適應不同的情境或對象；相對地低自我監控的主管，如果其領導風格被部屬所喜歡，那就是魅力無限、酷到底。

高度自我監控的人在工作表現上比較容易獲得肯定，當然比較容易獲得升遷的機會，所以在高層主管中，屬於高度自我監控的人所占比率相對較多；同樣的，高度自我監控的人也比較能展現領導行爲，尤其在任務編組的情境中或面對危機的狀態中，較容易扮演領導者的角色或被推舉爲領導人。

在職場中如何面對上司、同事、下屬或客戶，呈現良好的形象，說服別人、把工作做好或減少工作的阻力，獲得別人的肯定甚至讚許，是工作中重要的課題。

（本文刊載於今周刊第 488 期）

21「綠糧」效用大

史丹佛大學布萊曼（G. N. Bratman）等四位跨領域教授探討體驗自然對情感與認知的影響。他們以六十位舊金山灣區的成年人爲對象，將他們隨機分派至自然環境和都會環境兩組，各步行五十分鐘，在路上拍攝十張能夠吸引他們注意的照片，步行前後都各做了一系列測驗。兩組相比，體驗自然組事後的焦慮和負面情感減少，同時又能保持正向情緒，而在認知方面則是增加工作記憶的表現。研究者認爲，這個研究發現說明，短短五十分鐘在自然環境中步行，就可以正向影響情感和認知。

但如果無法親身體驗眞實的自然環境，而僅觀賞綠色圖片，也可以暫時影響大學生的情感和認知表現。阿姆斯特丹自由大學醫學中心瑪格達萊娜・范登伯格（Magdalena van den Berg）讓一組大學生在電腦上觀看城市空間的圖片，而另一組則看綠色空間的圖片。發現短暫時間觀看電腦上綠色照片，可以從壓力中復原。

多年來，環境心理學家也努力研究綠色經驗對身心健康的影響。例如在放假期間到自然環境都會使我們從疲倦、焦慮、煩躁的感受中復原，也因此增加了工作認知的表現。猶他大學心理學教授史崔爾（David Strayer）和同行平均二十八歲的三十六位男性和二十六位女性，不接觸電子設備，花四天時間爬山涉水，接觸自然，之後在創造力測驗上的表現，比沒有參加的人顯著地好。

二〇一三年，政大科智所吳昱鋒以體驗經濟為架構，探討宜蘭綠色博覽會遊客的體驗知覺與其價值感受的關係。體驗經濟包括教育、娛樂、審美和「陶醉當下」四個領域。價值感受則包含兩類，一類是遊客對綠博的價值感受，一類是綠博遊客對宜蘭品牌的價值感受。以現場二三六人為對象所做的研究，發現遊客都能體驗審美、娛樂及教育和陶醉當下。

停留三至五小時、每月收入兩萬到四萬之間的遊客在體驗的知覺比其他遊客顯著的高。最有趣的是非宜蘭人比宜蘭人顯著的認為他們更能感受審美體驗。

總而言之，波樂（D. E. Bowler）教授分析整合二十五個相關研究後，明顯指出接觸自然可以放鬆心情、促進幸福感和工作滿足。

一六年以「糧心」為主軸的宜蘭綠色博覽會裡，以漂流森林、糧心聚落、農林祕境等為主題，策劃超過三十個互動有趣的體驗場館，以及許多與宜蘭鏈結、與土地產生關連的創作表演與周邊活動。

四月二十二日是世界地球日，在這天不同國籍的人們以各自不同的方式宣傳和實踐環境保護的觀念，國際上許多組織也鼓勵大家節能減碳、體驗綠色生活。**珍惜自然、擅用自然的環境，不僅讓人類體會「大地娘心」，也會增進我們的情感、認知能力和創意。**

（本文刊載於今周刊第1009期）

第二篇

創意來自生活

1 賈伯斯與狄倫

二〇〇七年五月三十日，賈伯斯和比爾．蓋茲接受訪問時，主持人最後問兩人的競爭和友誼關係，賈伯斯先說：「我以巴布．狄倫（Bob Dylan）或披頭四（Beatles）的音樂來思考生活中大部分的事情。」然後才回答主持人的提問。

一九八四年，賈伯斯在年度股東會議中，笑容滿面地「歡迎參加股東會議」之後告訴大家，他要朗讀二十年前的一首詩其中一段做爲會議的開始，「這首詩是巴布．狄倫的作品，叫作〈變革的時代〉。」這個變革就是他接著要介紹的麥金塔電腦。一九九七年蘋果〈不同凡想〉（Think Different）的廣告，是向那些發明、想像、創造事物、推動人類進步的人致敬。賈伯斯認爲有人將這些與衆不同、桀驁不馴者看做是瘋子，他卻肯定他們是天才。因爲這些「相信自己可以改變世界的人，才是眞正能改變世界的人」。在這則廣告中的瘋狂人物共十七位，狄倫是緊接愛因斯坦之後的第二位。

十四歲開始，他和合夥人沃茲尼克經常如醉如痴地蒐集聆聽狄倫的錄音帶，用心詮譯歌詞意義。「狄倫的文字觸動了創造思考的心弦。」沃茲尼克（Steve Wozniak）對賈伯斯傳紀的作者如是說。

賈伯斯對狄倫的熱愛不僅於此，曾多次在發表會上播放狄倫的歌曲，只要有音樂相關的產品要示範時，他一定會播狄倫的音樂。在里德學院（Reed College）的同學回憶中，特別強調賈伯斯當時最喜歡談論狄倫和披頭四，尤其是狄倫的詩。

二〇〇四年十月賈伯斯終於見到狄倫，長談了兩小時。他告訴傳紀作者艾薩克森（Walter Isaacson）：「我緊張得不得了，因爲他是我的英雄……他跟我所希望的完全一樣。」狄倫對賈伯斯訴說自己一生的創作：「那些歌是直接從腦中流瀉出來，我根本不必刻意創作。」

這種說法不知道是賈伯斯的詮譯，還是如實的複述，因爲賈伯斯在一九九五年他們見面前，已經說出有名的「創造力只是連結事物」的定義。創意人「只是看到一些東西，過了一段時間後，好像非常自然明顯地……連結以前的經驗，並綜合出新的東西來。」此說法和狄倫的表述如出一轍。

狄倫的詩詞不僅啓示賈伯斯的創意人生，也激發了諾貝爾的故鄉瑞典的五位生醫教授搏感情飆創意，將狄倫的歌詞引進科學論文，「變革的時代」也時常被當作文章的標題或副標題。根據發表在《英國醫學學報》（*British Medical Journal*）的文章，作者戈倪慈奇（Carl Gornitzki）和同事總共找到七二七個潛在的跟狄倫音樂有關的參考資料，經過檢驗後，他們發現，至少二一三篇文章是毫無疑問地引述了狄倫的歌詞。

賈伯斯曾經說過：「單有科技是不夠的，它必須和人文藝術通婚。」賈伯斯和這些生醫教授都同樣地跨視界、展創意。賈伯斯與狄倫的創新和創業成就也就這樣地深遠影響許多人的生活和創意。

（本文刊載於今周刊第1037期）

2 創意來自生活

二〇〇九年獲得諾貝爾獎的「雙歐」，和正在臺灣熱鬧登場的三個展演，具有什麼共同的創意特色，可以提供我們在推動創意、創新和創業方面的啓示。

歐玲（Elinor Ostrom）因分析經濟治理，尤其是在「公共財」方面的學術成就，而獲得諾貝爾經濟學獎。

歐玲發現使用者協會或組織，可以成功地管理公共財。這樣的創意，多少受到她年輕時歷經經濟蕭條與二次大戰的生活經驗影響，她在媽媽的菜園裡種菜，將剩餘的蔬菜製成罐頭，種種實際的生活經驗，讓她體驗到大多數的人在資源缺乏之時，都能夠合作並且爲共同利益採取行動。

獲得諾貝爾獎的理論、研究成果或發現，即使不被列爲改變人類生活或文明的大創意，也是最頂尖的專業創意。

一篇好的演講稿也必須有創意，美國前總統林肯的蓋茲堡演講算是大創意；同一年獲得和平獎的美國總統歐巴馬在〇九年九月八日對全美中小學生發表的演說，則可以說是總統這個角色的一個專業創意。最主要的創意，來自應用並組合一些歐巴馬親自體驗或觀察反思的生活故事，來闡述他所要表達的主題「責任」。

○九年十月在台北華山創意文化園區展出「畫夜」，以及十一月在台北美術館舉行作品回顧展的蔡國強，則用火藥直接在畫布上作畫的創意及其實踐，這也是他奶奶傳授給他的「如何滅火之生活智慧」。

十月二十六日在華山文化園區及台大等地演講的史丹佛大學教授希莉格（Tina Seelig），是《真希望我二十歲就懂的事》（*What I Wish I Knew When I Was 20*，中譯本遠流出版）的作者，這本書的靈感也來自生活。當兒子快滿十六歲時，她很想和兒子分享自己讀大學和剛出社會時，希望有人告訴她那時該懂得的事。她結合負責科技創投、教授創新課程及當母親的知行經驗，構思這本有創意的著作。

正在台北美術館展覽的皮克斯動畫，大部分創意也都來自生活。《海底總動員》中的小丑魚尼莫（Nemo），就是導演史坦頓（Andrew Stanton）反思他過分保護孩子的本能，可能會阻礙和孩子的父子情誼而發展的故事。

英國在○八年提出的創意產業八大主軸中，第一個就是「讓所有孩童都能獲得創造力教育」；英國的創意產業由個人的創意出發，而且從小提供機會，讓所有孩童接受創造力的教育。這種政策及其執行，比較容易培養國民的認知與體驗創意來自生活，創意也可以解決生活問題之核心基礎。

反觀我們的文化創意產業，就是缺少啓動個人從生活中親身體悟創意，並且應用創意解決生活問題的創造力教育。

（本文刊載於今周刊第671期）

3 創造力的三B一G

先談談G吧！

因 YouTube 以十六．五億美元賣給 Google，而使車庫致富的故事再度成爲美談。二〇〇五年情人節，赫利（Chad Hurley）和陳士駿兩人在赫利家的車庫中啓動了這個影音社群網站，他們如何在短短時間從創意發想，然後在車庫中執行創意到創業成功？這是許多人急於了解並效法，也是許多學者想要研究的對象。〇六年 Google 買下他們當初創業的車庫，更添加了車庫致富故事的傳奇色彩，許多知名的高科技公司如戴爾（Dell）、思科（Cisco）、惠普（HP）、蘋果，都是從車庫啓動他們創業的第一步。

這個車庫致富的故事之所以充滿傳奇色彩，可能和均從車庫創業的迪士尼（Disney）、惠普、蘋果三家公司有如愛戀情節的聯結互補之三角關係有關；華特．迪士尼在前兩次車庫創業失敗後，搬回自家車庫，之後成功製作《米老鼠》卡通影片。一九三八年，迪士尼意外發現正在車庫中創業的惠普急於銷售他們需要的聲音震動器，這次交易對雙方來說，眞的是各取所需的關鍵性合作與突破。

賈伯斯十二歲時，爲了架設一個計算頻率的機器所需零件，打電話向惠普公司求助，卻意外獲得在惠普的暑期工作機會。一九七五年他和惠普的工程師、也是高中同學沃茲尼克，在賈伯斯父母的車庫開始蘋果的創新創業工作。賈伯斯後來成立皮克斯並和迪士尼合作，成功發展出《玩具總動員》《海底總動員》等賣座卡通電影，最後又以七十四億美元賣給迪士尼。

車庫（Garage）是一種精神，是一種氛圍。每一個在車庫創業的人，都希望有一天能夠搬離車庫，但這種搬離只是指實質的空間因素，車庫已經變成創新創業的象徵，是個文化隱喻。

蘋果的一位工程師就以車庫爲名，成立創投公司；帕羅奧圖（Palo Alto）市政府已把惠普創業車庫指定爲地標，而加州政府也將這個車庫在一九八九年封爲「矽谷的誕生地」。

在歐洲有這樣一則笑話，某個國家的貿易部長被派到矽谷去研究成功的祕訣，回國後在一個會議上回答「爲什麼矽谷會這樣創意活現？」的問題時說：「其實很簡單，我們應該投資車庫，因爲大部分矽谷的公司都是從車庫啓動的。」

爲什麼是加州的車庫？加州氣候宜人，幾乎家家有車庫，且大小適宜三、五個創業夥伴集合使用，更重要的是不用租金。例如迪士尼、赫利都是使用自家的車庫，即使是租用，也比公司行號便宜許多，就連Google的車庫也是租來的。

臺灣這幾年努力推動舊建築再利用的構思，也是一樣的道理。但臺灣究竟要如何掌握車庫創新創業的精神，尋找或創造適合勇於創新創業、白手起家的年輕人之空間及其氛圍，並且創造成功傳奇故事，的確是一個挑戰。

創造力的創意與創新需要「G」，也需要「B」，而且是三個「B」。

莫札特如此描述他作曲的歷程：「當我完全自處、心情愉快，例如坐車旅行、美餐之後散步，或是在睡不著的晚上，就是在這樣的時機中，我的觀念最爲流暢，也最爲豐富。」惠普公司的一位發明家詹森（K. Jansen）談到「如何突破心理障礙」時說：「就在我睡覺前或在剛睡覺後，一個觀念就會在這半睡半醒之間跑出來了，或者是在長途開車、走路、洗澡或其他心不在焉的活動當中讓潛意識出竅。」莫札特在不到三十六年的生命中所創作的音樂，其有形產值和無形價值難以估計；而詹森則是惠普重視的發明家，二人的專長領域完全不同且時隔兩百多年，對激發創意的看法幾乎一致，那就是三B。宋朝歐陽修在將近一千年前就說：「余平生所作文章多在三上，乃馬上、枕上、廁上也。」「三上」和「三B」不謀而合。

那麼是哪三B？

第一個B就是 Bath，它包含在浴室之中的洗澡以及廁所或洗手間裡的放鬆活動。美國化學家皮拉特（W. Platt）和貝克（R. A. Baker）就認爲，躺在浴缸是得到靈感最理想的時間，他以爲眞正激發阿基米德浮力原理的靈感，是在浴缸中放鬆洗澡催生了他的創意。這應該也是 Google 和皮克斯設計創意洗手間的主因。以「可以更換鎖心及具有空轉作用的鎖具」獲得九十三年年度國家發明創作獎金牌的何義輝，正是因爲拉肚子急著上廁所卻打不開廁所的門，才想出來這個創意。

第二個B是 Bed，林語堂說：「世上所有的重要發明，不論科學的或哲學的，十有九椿都是科學家或哲學家在清晨三點到五點間，蜷臥於床上時忽然得到的。」獲得諾貝爾生醫獎的勒維（Otto Loewi）之靈感，是在腦海潛藏十七年後於夜夢中想到的；披頭四保羅．麥卡尼（Paul McCartney）的〈Yesterday〉也是睡夢中出現。

第三個B是Bus，是指在動態的活動中，包括搭乘任何的交通工具，散步走路、遊山玩水及其歇腳的場域等等活動。《哈利波特》（*Harry Potter*，中譯本皇冠出版）的作者羅琳（J. K. Rowling）說：「我在從曼徹斯特到倫敦的火車上，只坐在那裡，所想的和寫作毫無關係，可是觀念卻不知從哪裡跑出來，我可以清楚看到哈利。」法國數學家彭加勒（Jules Henri Poincaré）富克斯函數的創意，是參加遠足途中把腳踩在踏板時，觀念突然跑出來。

G是創新創業的園地，三B則是創意的「發生堂」，迪士尼是在紐約返回好萊塢的火車上想出卡通米老鼠，然後在其車庫中創造出叫好又叫座的作品。所有的創造力都須經過踏破鐵鞋無覓處，才能在三B和G中得來全不費功夫，這正是發明預防接種方法的法國微生物學家巴斯德（Louis Pasteur）所說：「機會偏愛心理已準備妥當的人。」

創意人知道什麼時間、地點和氛圍下容易產生創意，會隨身攜帶適合個人記錄創意的工具或方法。愛迪生與達文西都是隨身攜帶筆記本，立即捕捉曇花一現的創意。

（本文刊載於今周刊第516、520期）

4 愛：創造力的源頭活水

「半畝方塘一鑑開，天光雲影共徘徊，問渠哪得清如許？為有源頭活水來」，到底什麼是創造力的源頭活水？

二十世紀的創新作曲家史特拉汶斯基（Igor Fyodorovich Stravinsky）認為「愛」是力道最強的源頭活水。「愛」包括親情、友情、愛情、愛鄉或愛國之情，甚至「天下為公」的博愛。

日本發明家中松義郎十四歲時，因目睹母親在冬天早上用顫抖的雙手將醬油從大桶倒進小瓶中，因而發明氣壓幫浦。他說：「我發明的核心動力，不是金錢，而是愛。」羅琳認爲她能夠讓哈利．波特從國王十字車站搭火車到霍格華茲魔法學校，是「因爲這是一個浪漫的地方，我父母就是在這裡邂逅的。」

Flickr 的創辦人巴特菲爾德（Stewart Butterfield）接受《天下》雜誌專訪時指出，一百多名親戚爲外婆祝壽，擺滿長桌的舊照片，讓大家回憶起往事，「這就是相片價值所在——人際互動」，「任何細微之事，因分享而偉大」，家族互動就是這個數位照片分享網站的創意動機。

友誼不僅是創意合作的動力，也讓任何細節之事因分享而偉大。來自以色列的四位〈ICQ〉創辦人，因爲當時的電腦不能解決他們聚會回家後繼續分享的困擾，而在一次你來我往的乒乓球桌上獲得

〈ICQ〉的靈感。YouTube 的赫利、陳士駿和卡林姆（Jawed Karim）三位好友，爲了分享晚宴中拍攝的照片和錄影，卻碰到電腦傳輸檔案的困難，而創設了這個影音分享的社群網站。MySpace 的創新不僅因兩位創辦人之間的友誼，也因兩人各自擁有社會網絡而成功。有了創意之後，兩人說服他們在好萊塢所認識的創意工作者，利用 MySpace 這個平台建立屬於自己的社會網絡。

衆多情愛中，愛情是最激烈纏綿的，沒有愛情的源頭活水，整個文學和藝術史恐怕變得單調無味，唐詩宋詞元雜劇能永垂不朽的作品就不多了；愛情也是發明的源頭活水？李佳勳發明的「情人杯」，顧名思義是愛情的力量，它讓分隔千里的二人同時喝水時，就好像兩人在虛擬接吻。

同胞愛、對弱勢族群的博愛，也是創造力的活水源頭，二〇〇六年獲諾貝爾和平獎的尤努斯（Muhammad Yunus）於一九七四年孟加拉發生饑荒時，發現許多婦女被債主剝削，在人飢己飢的悲憫胸懷下，他結合慈善與營利之小額貸款的創意，創辦鄉村銀行，實踐「給他魚不如教他怎麼釣魚」的觀念。

同樣悲天憫人的動機，激發杜甫愛國體民的文學創作，「三吏」「三別」便是反映安史之亂民間疾苦的作品，梁啓超說：「這些作品需要作者的精神與所描寫人物的感情合而爲一才能表現出來。」梁啓超稱杜甫爲情聖，因杜甫的創作動機不只植基於悲天憫人的胸懷，友愛、親情也是他創造力的源頭活水，怪不得莫札特會說：「愛、愛、愛才是天才的靈魂。」

（本文刊載於今周刊第 524 期）

5 用諷刺增進創造力

名人的演講或組織行爲，教科書都教人說好話不要冷嘲熱諷。可是我們卻在影視喜劇、漫畫、網路笑談、脫口秀或文學作品中發現諷刺的吸引力。

我在紐約教學時，正好趕上美國的公民權利運動和反越戰的風潮，因而經常身處政治、種族、性別、階級、戰爭等等的諷刺氛圍中。回到臺灣也目睹政治的解嚴、選舉的激昂和網路的方便，這些變化助長了一些人透過 KUSO、漫畫、電視、戲劇等各種形式表達諷刺的幽默，雖然不時引起衝突反應，但也映射人民透過諷刺的幽默表現創造力。

諷刺也是一種幽默的風格，是指外顯的形式和內隱的意圖相反，運用諷刺或反諷的表達來自我解嘲、嘲笑別人或評論事件，以娛樂或批判個人、團體或社會。

西方幽默大師的名言通常都和諷刺的創意有關，例如在自嘲或諷刺年輕追尋認同，自以爲是的現象時，美國的馬克．吐溫（Mark Twain）說：「十四歲時，父親無知到讓我幾乎不敢站在『這位老先生』的身旁；二十一歲時，我非常驚訝地發現『這位老先生』，讓我在七年之間所學到的還眞的非常多。」

英國的王爾德（Oscar Wilde）則更簡潔地說：「我還沒有年輕到無所不知。」

美國的喜劇人物馬克思（Groucho Marx）和我們很多人一樣都會批評電視節目，他的幽默諷刺最得我心。他說：「我發現電視非常具有教育價值，每一次有人打開電視，我就會到隔壁房間讀書。」

日常人際交往中，我們也會諷刺別人或被別人諷刺。例如上班時，老闆瞄到員工正在注視與工作無關的資訊時說：「上班不必這麼努力。」他反諷的用意是要求員工專心工作。當一個人滔滔不絕地講話時，一直打哈欠的無奈聽者自嘲諷人地說：「繼續講！繼續講！當我有興趣時，就會一直打哈欠。」

諷刺是一劍兩刃，可以傷人、引發衝突，也可以助人幫己、增進創造力。英士國際商學院（INSEAD）、哈佛大學和哥倫比亞大學的三位組織行爲教授透過一系列的實驗發現，**表達和接收諷刺的雙方會引發衝突，同時也會增進各自的創造力；但如果雙方互相信任，在增加創造力的同時，也會減少衝突。**

諷刺之所以能夠促進創造力，主要是透過抽象思考的認知資訊處理管道。

諷刺常是選舉的語言，如果能夠以「促進民主、建設幸福臺灣」的抽象觀念，超越表面上具體諷刺的語文、影音和事例，選舉，特別是二〇一六年的選舉，就可以在「共盼臺灣好」的信任基礎上，減少衝突並發揮創造力。

（本文刊載於今周刊第976期）

6 特權心理與「不同凡想」

「我爸是李剛」是二〇一〇年中國網路流行語，爲什麼？當年十月十六日在河北大學新校區，官二代李啓銘酒駕撞倒兩名女生，一死一傷，被攔車下來後傲慢地說：「有本事你們告去，我爸是李剛。」

這個現象後來演變成權力腐敗事件，官方的施壓、媒體的噤聲、學校的屈服，都阻擋不了網路的議論和流傳。「恨爹不成剛」也成了打擊特權的反諷。

二〇一五「阿帕契打卡」和柯P就任後的美河市、大巨蛋等案也是攸關特權的事件。特權人士相信自己應得特殊待遇，例如在船難時得最先登上救生艇，付出少卻要求多，金庸筆下，郭靖和黃蓉的大女兒郭芙就是例子。

特權上癮者在人際關係上缺乏同理心，是機會主義者，不懂感恩也不會助人，犯錯之後即使抱歉也流於矯情。享特權是長期養成「應享特權的心理習慣」之人格特質，也是可以隨著時空暫時喚醒的心理狀態。

康乃爾大學季得克（Emily Zitek）和凡德比大學文森（Lynne Vincent）兩位教授認爲，換個角度**看待享特權的暫時心理狀態，也就是喚醒勇敢做自己的特權，能增進創造力。這種獨一無二的特殊感**

受不是從社會階級、種族性別、職位學歷的角度，而是尊重個人生而具有的權利映照，敢做自己就有機會發揮賈伯斯推崇的「不同凡想」之思考。

兩位教授在實驗中，要求受試者利用五分鐘的時間，寫出他們覺得比別人應該／不應該感受到自己可以享受特權的理由。享特權的實驗組各寫出三個理由，分別說明爲什麼他們應該在生活中「要求最好的」「比別人獲得更多」和「活得得心應手」。

相對地，控制組的受試者只是寫出爲什麼不應該得到的理由，結果發現，實驗組的受試者在事後的各種創造力測驗或表現上都比較有創意。

我們在面試應徵工作或申請獎學金的優秀人才時，也會請每個人說出爲什麼他應該得到這個工作或獎學金。

一九八〇年，高盛投資亞洲區副總裁宋學仁先生參與 Fulbright 和 ITT Technical Institute 的獎學金時，我問他想像四十五歲時，最想做什麼？他毫不考慮地說：「財政部長。」他的確發揮了創造力，而在衆多的理由中，光是下面這個，就已經說服每一個評審委員，他說：「到了我四十歲之後，臺灣應該走向公平正義的社會，用人不看出身、關係、特權，而只要有能力就會被認可。」

我們每個人都是獨特的，臺灣在國際上也是獨特的，喚醒「唯一」的權利意識，發揮創意是可以自我期許的。

（本文刊載於今周刊第 960 期）

7 翻轉被動應對式文化

第一位獲得諾貝爾文學獎的華人高行健，六月初抵達臺灣之後，和很多關心期許臺灣的名人一樣，提醒我們，臺灣的學生雖認眞學習專業知識，卻比較缺乏創意和主動。

其實不僅學生需要發揮大格局的創意，和展現主動積極的態度，整個產官學研媒各界都必須加強創意和前瞻主動的行為。

這幾年我有機會在一些國際場合觀察韓國產官學研媒民的行爲和表現，也有機會親自到首爾參訪藝術村、大學、表演藝術界以及文化產業振興院、流行音樂的經紀公司 JYP 和 SM 等，總覺得韓國比較前瞻主動（proactive）。觀察我們各行各業的行爲和表現，以及參與了一些審查和評審工作之後，有點不安地覺得臺灣正在形成應對式（reactive）文化。

以韓國的文化創意產業爲例，在經濟走入谷底時，金泳三政府決定以文化產業爲振興經濟的救星。到了金大中以及後來的盧武鉉時代，爲了落實文化創意產業，他們逐漸想像全球的趨勢並盤點韓國的特色，而成立文化產業振興院，往前看、向前衝。

到了李明博政府，就彈性地轉進內容產業時期。韓國流行音樂的成功是有目共睹的，表演藝術也同樣亮出成績，三十年前當亞洲文化推展聯盟在馬尼拉成立時，韓國亟需掛鉤並借力使力以便與世界接軌。由於他們前瞻主動地規劃和推動表演藝術的教育與創新，最近已開始收割表演藝術國際化和產業化的成果。

以藝術創意與教育來說，在二〇〇五年，當時的文化觀光部和教育部共同宣布新藝術教育計畫，正式成立韓國藝術與文化服務的機構，爲的是將創意和藝術普及化。不僅希望培養創作以及結合科技藝術的人才，更大的野心，是培養文化創意產業的消費者。

再以科技人才爲例，爲了擺脫傳統的正式教育體制對培養科技創新人才的阻礙，他們建構未來的願景以及預見未來的困難之後，乾脆另起爐灶，在一九七一年改由當時的科技部成立另類的科技大學（KAIST）。更近一步打破用人規則，大膽聘用獲得諾貝爾獎的美國籍白人擔任第一屆校長。雖然革命尚未成功，但他們願意從失敗中學習。

臺灣是非常勤奮的社會，工作時數在全世界名列前茅，但缺乏韓國的前瞻主動以及大格局、全盤性的創新規劃，使得大家經常在面對危機、設法解除危機的應對儀式中打轉。

以大學評鑑、政府的公共工程標案，甚至於學生的論文爲例，當事人經常花很多時間在回覆不同官僚式雞毛蒜皮的要求和意見。應對變成儀式，凡事局部化、短暫化。這種應對被動式文化一旦成爲氣候，我們鐵定失去前瞻主動、大格局創新的機會。

（本文刊載於今周刊第810期）

8 內外兼具的創意人

二〇一二年一月份的《紐約時報》刊登出一篇〈新團體思考崛起〉的文章之後，激起一連串的辯論。

作者肯恩（Susan Cain）的論點是：獨處已經退流行，而合作正夯，她認為美國的學校、公司和整個文化正在崇尚她稱之為「新團體思考」的觀念，這個觀念主張創造力和成就來自團隊合作，來自開放式的工作或學習場所，溝通技巧和人際關係也就成了最重要的資產。

但她同時引述研究和觀察，鼓吹孤獨或獨處對創造力的重要性，她極力代表喜歡隱私或獨思這類內向的人爭取權利，尤其是創意工作者，包括工作時擁有不被打斷的個人空間，她對美國一些過度流行團隊工作、開放空間的做法很不認同。

不過，她所舉的例子也讓許多人不以為然，例如她在紐約市參訪了一所小學四年級的上課情形，發現老師規定同組同學只能提出大家都同意的問題發問，這種看似走火入魔的教學現象如果沒有追究的話，將可能以偏概全。果真，這位老師誤以為只有同組團隊同意的問題才能發問，其實那就是誤解了集思廣益的意義，團隊合作是無辜的。

《團隊的天才》（*Group Genius*，中譯本天下雜誌出版）的作者索伊爾（Keith Sawyer）就試圖釐清一些爭議的觀念。例如許多研究發現，突破性的觀念大部分都是透過交換和互動而形成，因爲突破的觀念需要組合非常不同的觀念。

當然，創意觀念的發想與執行不是一蹴可幾的，需要經過長時間的醞釀發展、創新實踐等等的歷程。能夠創新實踐的創意人，通常都會拿捏得宜地選擇適當的時間和空間，或獨處或交流互動。

不論在美國或臺灣，外向者通常都會在團體中自信地表達和溝通，甚至有主導發言和影響決策的機會。身爲一個害羞內向的人如我，特別能夠體會肯恩的心情，以及同理她爲內向者的呼籲。

其實，過去大部分的研究說明，內外向和創造力沒有什麼關係，創造力大師契克森米哈賴訪問了九十二位有成就的人士之後發現，創意人通常能夠同時表現出內向和外向兩種特質。

不管是政治、企業，或是其他領域稱之為 CEO 的創意領導人，通常也懂得如何適時地發揮內向和外向的特質，當部屬積極主動時，他們會發揮內向的特質，傾聽對話，最後畫龍點睛地歸納部屬的觀念；當部屬被動時，內向者就必須扮演外向的領導角色。

哈佛大學商學院教授吉諾（Francesca Gino）也認爲，CEO 三個字，一方面可以由 Charismatic（魅力）的C、Effusive（熱情奔放）的E和 Outgoing（外向）的O來代表；另一方面，也可以由 Calm（沉著）的C、Eremitic（隱士般的）的E和 Observant（觀察敏銳的）的O來形容，呼應了創意人兼具雙重特質的說法。

（本文刊載於今周刊第 790 期）

9 權力穩定度與創意

權力結構在任何組織都是重要的，小至兩人關係、團隊、家庭，大到學校、企業、政府到整個國家，甚至國際組織。任何組織中的領導者都會根據其擁有的權力基礎，來說服成員完成領導者或組織所需完成的目標。領導人主要是依賴職權及獎懲的權力，也可以透過運用個人專業或魅力，與有效分配組織有形、無形的資源，以影響組織成員。

在面對越來越難以掌控的危機和複雜且不確定的未來，領導者及其成員不管各別權力大小或職權會不會轉移，的確都越來越需要運用創造力來解決未來所面臨的難題。

荷蘭阿姆斯特丹大學心理學家史利格（Daniel J. Sligte）和他的同事，假設當權力階層穩定時，有權者主動積極的動機比較強，在處理資訊時比較會整體思考，認知上也較具彈性，因此比較有創意。可是，當權力結構不穩時，面對可能失去的權力，握有權力的人可能改採逃避動機的策略。他們處理訊息時，比較會落入小格局的思維，認知上也變得比較固執，因而缺乏創造力。

相對的，在權力結構不穩定的情況下，原本沒有職權的成員，如果是與個人工作相關時，他們會表現得比較有創意。

爲了驗證這些假設，史利格和他的同事進行了三個實驗。研究者操弄權力的高低、職權的穩定與否，以及工作與其權力是否相關三個獨立變項。以職權的穩定性為例，受試者依隨機原則分派至兩組。穩定組被告知在整個工作過程中，有權者恆有權，無權者一直無權；不穩定組則被告知，職位大小是會輪替的。

三個研究測量創造力的方式是不一樣的，第一個是根據遠距聯想測驗，三個無關的刺激字，都可以經過由近而遠的聯想，最後找到一個串聯三者的反應字。第二個測驗是利用腦力激盪，在限制的時間內想出各種可能保護和改善環境的方法。第三個測驗則是運用圖形測驗，受試者必須重組已有資訊，經過創意的領悟才能找到答案。

三個實驗最有趣的結果是，當職權不穩定時，權力低的人在思考上會變得比較有彈性，成就動機也變強了，在處理資訊時比較能夠放大格局，因而比較會運用創意和頓悟的思考方法解決問題，這種情況尤其是在相信他們的創造力和發揮權力相關時。

美國民主制度的落實，讓民間高度發揮創造力，臺灣則從一九八七年解嚴之後，總統可以民選，政黨可以輪替，也激勵了民間活潑的創造力。

可惜的是，相對地，政府在思考上就比較固執封閉，並且在努力維護權力的過程中，連帶在資訊處理的風格和角度上缺乏整體觀，格局也變小了。

（本文刊載於今周刊第 773 期）

10 大C、專業c、小c、迷你c

二〇〇七年北藝大慶祝二十五周年的典禮上，頒發名譽博士給舞蹈家林懷民、音樂家馬水龍，以及舞台設計家李名覺。有幸應朱宗慶校長之邀致詞，我是這樣開始的：「名譽博士林懷民、名譽博士馬水龍、名譽博士李名覺，我之所以一直重複名譽博士四個字，是因爲我自己也有博士，但不是名譽的。」非名譽博士就是正規博士，只要修完學分、通過學位考試，加上一篇論文由五到七人的口試委員通過後，就能正式取得博士學位；這其中眞正要求創意的部分爲博士論文，這種創意只能算是小c或專業c，也就是在專業上表現的創意，只有極少數的人在多年之後有機會成爲大C的貢獻者。名譽博士則不管其學歷、出身背景如何，他的創意成就必須爲他領域的守門人所肯定、具有影響力，且會在歷史上留下成就的痕跡。

大C就是大創意，它可以改變整個人類或某個文化的文明發展、知識累積或生活方式；小c則是指日常生活中的創意，通常這些小創意在某一個特殊的環境或脈絡中被認爲是有創意的。大C專業c小c都是經過外在的評斷，大C、專業c和小c之間是連續性，且有程度上的分別。專業c就是在自己的專業領域被評爲有創意的。吳寶春和江振誠等專業達人的美食創意就是高度的專業c。學術界流行發表在有「I」的學報之論文（如：SCI, SSCI, TSCI, TSSCI），也是專業c。

最近幾年，心理學家在推動創造力的過程中面臨一些與信念有關的瓶頸。有人認爲創意是少數天才獨有的，他們認定的創意是大C；但近幾年有更多人相信創造力可以學習，但他們強調的創意仍須通過老闆、老師或少數人評斷之後的專業c和小c。

這些研究和推動創造力教育的學者認爲要突破瓶頸，我們必須重視大小創意的源頭，那就是迷你c的創意。貝格赫托（R. A. Beghetto）和考夫曼（J. C. Kaufman）認爲**迷你c是指個人新奇和有意義地詮釋其經驗、行動和事件的轉化歷程；是自我判斷、內心理解與意義建構。迷你c未必能發展成小c，小c也未必能發展成專業c或大C，但所有大C都可以追溯到小c，甚至迷你c的根源。**

愛因斯坦在成年時特別強調，四、五歲時父親曾送他一只羅盤，不管他怎麼把玩，指南針永遠指向同一方向，他相信許多事物的背後都有微妙原理掌控；這樣新奇、有意義的詮釋經驗，應該是引導他發現相對論的指南針。服裝設計師凡賽斯（Giann Versace）童年時就喜歡做裙裝娛樂自己；皮爾．卡登（Pierre Cardin）則是喜歡替鄰居兒童的洋娃娃設計衣服；比爾．蓋茲九歲時已讀遍世界百科全書，尤其是數理商業方面，新奇的經驗與知識建構讓他覺得歷史越久百科也越大，如果一個小東西就可以把這些知識濃縮進去，該有多好？

這樣例子不勝枚舉，在鼓勵和培育員工、學生的創造力時，我們可能要從迷你c的創意啓動，希望迷你c能轉化成小c，而有些小c或專業c能轉化成大C。

（本文刊載於今周刊第569期）

11 打破創造力的迷思

創造力與創新，幾乎已成爲臺灣的流行概念，但是許多人還是存有一些對創造力的迷思。哈佛大學創業管理教授阿瑪貝利（Teresa Amabile）、英國倡導水平思考的狄波諾（Edward DeBono）也都從他們的研究與經驗中提出歐美企業界對創造力的迷思。

我認爲臺灣在推動創造力時，首先必須打破以下十二個迷思。

迷思一：只有少數人才有創造力。

是的，只有少數人能夠產生改變人類生活或文明的大創意，但絕大多數的人都可以發揮生活中的創意。所有人都可以運用新穎且有意義的角度去詮釋他們各自的經驗、行動和事件。其實人人都有創造力，只是程度上有所差異。

迷思二：只有幾種行業或組織中的某些單位才需要創造力。

阿瑪貝利敘述她每次演講時問企業界的觀衆，在組織中哪一個部門最需要創造力？研發單位是共同的答案。有人提出會計單位最需要創造力時，一定會引起哄堂大笑。事實上每一個部門都需要創造力。狄波諾說許多企業界的人將創造力和藝術畫上等號。藝術固然需要創造力，其他行業也需要創造力。

迷思三：如果每個人都在發想新觀念，就沒有人把工作做完。

創造力包含創意的發想及實踐的歷程，發想的階段強調流暢、變通和獨創觀念。這些觀念需要批判思考的檢驗才能去蕪存菁，最後中選的獨創且適當的觀念必須經過創新的階段付諸實行，所以我們需要將擅長發想創意和執行力強的人組成團隊。

迷思四：重賞之下，必有創意的勇夫。

金錢是在滿足外在的動機，創意過程則直接來自滿足內心的內在動機，過去的研究發現，創意的工作需要自發自動的平台和鼓勵創新的支持環境。沒有人否定金錢的重要性，但眞正愛其所做、做其所愛的創意工作，本身就是一種滿足。

迷思五：輸贏競爭是促進創造力的必要策略。

在比較分數與名次環境中長大的我們，想當然耳認定輸贏競爭是促進創造力的必要策略。內部與外部的競爭對披頭四的創作確有正向影響，在內部，保羅．麥卡尼（Paul McCartney）與約翰．藍儂（John Lennon）經常創意競賽、共享成果，套一句麥卡尼的話：「這是非常友善的競爭。」對外則以美國當紅的海灘男孩（The Beach Boys）爲對象在創作上互相較勁。突破則需要創意對手，而這種競爭便是認眞玩創意。

迷思六：聆聽分享、協調合作浪費時間。

高健（John Kao）的《即興創意》（*Jamming*，中譯本時報文化出版）和索依爾的《團隊的天才》

著作中，特別強調即興對團隊創意的影響。最成功的即興就是團員間能在認真玩創意的態度下，高度發揮聆聽分享、協調合作的效果。

迷思七：害怕、憂傷等負面情緒是創造力的泉源。

《美麗境界》（*A Beautiful Mind*）是一九九四年諾貝爾經濟獎得主奈許（John Nash）的眞實故事。他得獎的博弈理論改變了人類生活，他也是成功克服心理疾病的勇者，但多數創意人其實都是心理健康的。過去的研究發現，創造力與快樂、愛等正面情緒有正相關，反而與憤怒、害怕等負相關。

迷思八：時間壓力是激發創造力的必要條件。

時間壓力一直被實務界認爲是要求創造力表現的必要條件，但許多創造力的理論卻持相反的意見。政大創新與創造力研究中心的徐聯恩教授根據一八三〇位研發人員所作的研究，發現組織的創新氛圍高，時間壓力的確阻礙員工的創意表現；組織的創新氛圍不佳，時間壓力卻可以促進員工的創造力。臺灣一直強調創意的重要，但多數組織的氛圍卻不利創新。重點不是在增加時間壓力，而是形塑創新的氛圍。

迷思九：有了創造力相關的知識，就會有創意的產生。

在升學主義和教材中心長大的成人，推動創造力時，通常也會落入「有了創造力的知識就會有創意產生」的迷思。因此產官學各界爲了增進員工創造力而安排課程時，通常會邀請專家學者或創意人進行兩三小時的專題演講。吸收知識和經驗固然重要，但更重要的是員工親身體驗創意和創新的歷程。

迷思十：創意的發展需要自由，而不是紀律。

創意的發展需要自由，同時也需要紀律。契克森米哈賴在訪問了九十一位創意人才後，發現這些人都同時擁有自由和紀律的特質；物理學家貝特（Hans Bethe）「願意花長時間思考結果非常可能一無所獲的問題」，就是例證。

迷思十一：創造力是不能教的。

許多相信創造力無法教授的人，對教學的看法停留在教師中心的教學模式。認知心理學則強調學習者中心的模式，相信學習者能夠主動學習、建構知識。參與者中心的教學，係指教師安排適當的外在條件，激發學習者的學習動機和學習風格以完成創意的目標。

迷思十二：創造力是無中生有，是不著邊際地想像未來。

對創造力持負面態度的人，常誤以為創造力是無中生有，其實創意的產生常常是「組合不同的元素」，蘋果電腦 iPod 和 iTunes 的組合為數位音樂產業帶來嶄新的商業模式就是最好的例子。

（本文刊載於今周刊第 573、577 期）

12 放長線才能釣創意

臺灣、美國、中國和歐盟怎麼會突然串聯起來？原來都是因爲創造力。幾乎每一個先進和正在崛起的國家，都爭先恐後地盤點其國民和學生的創造力，尤其在 IBM 對六十個國家、一千五百多位 CEO 的調查，認爲創造力是未來領袖最應該具備的能力之後，創造力的培養更被認爲是刻不容緩的教育工作。

談到創造力自然會想到創造力測驗，其中以拓弄思（Ellis Paul Torrance）的「創造力測驗」名氣最大，至少已被譯成三十五種語言。從一九五八年他在明尼蘇達大學任教，開始對明尼亞波利斯（Minneapolis）四百名兒童施測之後，不少的學者專家都期待，能夠立竿見影地預測這些學生的學業成績或創意表現。

問題是在那個高創造力的學生不受老師甚至父母喜歡的年代，考試題目對高創意但不喜背誦的學生非常不利，可是拓弄思就是耐得住寂寞。六四年我到明大讀書，因緣際會做了他創造力研究的助理，更能體會他的執著。

有學者進一步分析五十年來三十萬筆拓弄思測驗的資料，意外發現美國人的創造力分數從九〇年後開始下降，下降最厲害的是幼稚園到小學六年級這個階段的兒童。

美國暢銷書作者布朗森（Po Bronson）和艾許麗（Ashley Merryman）在二〇一〇年七月十日的《新聞週刊》（*Newsweek*）上發表了〈創造力危機〉一文，因歐盟將〇九年列為創造力與創新年，中國大陸也開始進行教育改革，試圖提升創造力，更增加美國的危機感，怪不得這篇文章在美國引起極大回響。

加州州立大學卡夫曼（James Kaufman）教授更以美國奧克拉荷馬大學、喬治亞大學及臺灣政治大學所做的創造力教育計畫之成果分析為例，說明創造力是可以教的。他所謂的政治大學創造力教育計畫的分析，就是教育部顧問室從〇二年發表《創造力教育白皮書》，並執行其從小學到大學六個行動計畫之歷程與結果。

這六個行動計畫實施的過程也面臨了一些類似當時拓弄思測驗遭遇的質疑，有些學者很喜歡用KPI或立竿見影的成效來評估計畫，幸虧實際參與的教授和老師一樣耐得住寂寞，堅持不揠苗助長，終於看到成效。歐洲的國家比較懂得創造力是需要長期孕育的觀念，所以〇九年的創造力與創新年實施的第一年，只是讓二十七個會員國相關人員能夠了解創造力的重要性，而並不期待立竿見影的效果，一〇年之後才展開一步一腳印的培育工作。

創造力的培育無法立竿見影，必須耐得住寂寞地長期發展。

（本文刊載於今周刊第712期）

13 創意城市正夯

創意城市運動幾乎席捲全球。根據英國創意城市學者蘭德利（Charles Landry）的估計，二〇〇六年大約有六十個城市自稱爲創意城市。到了今年我們發現，全世界眞心想要推動創意經濟、吸引人才、製造工作機會的市長及其市民，都在努力推動創意城市。

宜蘭縣政府在二〇一〇年三月二十六日以「創意宜蘭、創意經濟」爲主題，邀請美、英、日駐台代表與當地人士舉辦創意城市論壇。日、中也趕上這股浪潮，例如〇九年九月橫濱市就以「創造力推動城市」爲主題，舉辦了「創意城市國際論壇」，同年十月廈門市也和臺灣的亞太文化創意產業協會舉辦第二屆的「廈門文博會及兩岸創意城市論壇」。

另外，因提出創意階級的概念而揚名世界的美籍教授佛羅里達（Richard Florida），成爲美國各都市競相邀請宣導創意城市的專家。就連人口大約二十八萬的肯塔基州列星頓市（Lexington），也於一〇年四月七至九日舉辦創意城市高峰會議，並邀請蘭德利和佛羅里達演講。佛羅里達更前往加拿大和多倫多市長一起形塑創意城市。

英國文化協會甚至成立「形塑英國和東亞的創意城市」網絡，成員除了英國還包括紐、澳、星、馬、越南、印尼、菲、泰、臺灣、中國、日、韓等國。一〇年二月德國的慕尼黑大學和日本基金會及大阪市立大學，共同主辦有關創意城市的會議，除了這兩個主辦國的產、官、學、研代表，新加坡、瑞典、英國等八國也應邀參加。他們認爲近年來創意城市，不僅已成為思考現在與想像未來城市發展的架構，同時也是發展區域、國家和全球經濟的引擎，他們也想解決創意城市可能帶來的貧富懸殊問題。

二十年前，八〇％的歐美人士會因工作機會而搬遷至某一個新的城市，最近的一項調查卻發現，六四％的人在移居時，城市的考量先於工作，這也是佛羅里達新書《尋找你的幸福城市》（*Who's Your City?*，中譯本天下雜誌出版）的概念。

聯合國教科文組織試圖領導創意城市的發展，從〇六年開始便以七個主題概念建構了創意城市的網絡，希望被選入網絡的創意城市可以分享文化、社會和經濟發展的觀念、經驗和最佳的實例。

這七個主題是文學、電影、音樂、工藝與民俗藝術、設計、媒體藝術和美食，到〇九年爲止，亞洲地區只有日本的金澤市被選爲工藝與民俗創意城市，名古屋、大阪和中國深圳則被選爲設計城市，一〇年年初上海終於加入設計城市的行列，而成都則獲選爲世界第二個美食的創意城市。單是美食一項，臺灣很多城市都可以努力成爲創意城市，值得我們努力。

（本文刊載於今周刊第696期）

14 四T九A酷小鎮

四六四期的《今周刊》選出臺灣十五個幸福退休小鎮並訪問那些已找到桃花源屬於「創意階級」的人物，選擇的指標包括氣候、物價、醫療水準、交通和休閒五項，而所謂小鎮可以是郊區、小城、社區或鄉間，這正好反映創意經濟興起之後的都市或城鄉發展之趨勢。

美籍教授佛羅里達認爲，一個創意城市必須擁有衆多的創意人才（Talent）、發達的高科技（Technology），以及吸引或留住人才的包容氛圍（Tolerance），因而建構適合不同族群和專長的知識工作者之創意生活風格。近年來一些新政治和新經濟的理論也提出歡娛事務（Amenities）促進都會發展的看法，例如芝加哥大學的克拉克（Terry N. Clark）教授就有系統地探索歡娛事物對都會創新和人口成長之影響。

歡娛事物包括適當的氣溫、親水的方便、清新的空氣、綠色的環境等自然的歡娛事物，以及各種人造的歡娛事物。克拉克的研究發現九項人造的A對美國的都會創新和人口成長最有助益，那就是二手書和稀有書的書店、研究圖書館、博物館、歌劇這四種文化知識類的歡娛事物，以及食品集中市場、星巴克咖啡、調酒吧、新鮮果汁吧、自行車道這五種設施類的歡娛事物。人造歡娛事物吸引年輕的知識工作者，而自然的歡娛事物則吸引中老年人，擁有多數高科技專利的創意人才，傾向住在自然與人爲歡娛事物皆備的地方。

九A就是佛羅里達後來新增的第四個T——地區資產（Territorial Assets）。《今周刊》訪問的那些已找到桃花源的典範人物算是青壯年的知識工作者，他們已充分享受了大都會提供的人造歡娛事物，而定居或旅居退休小鎮之後，則因臺灣交通便利可以同時享受自然和人造的歡娛事物。不是每個美國的小鎮都擁有高科技公司或大學或咖啡館林立的街道，當然也不是每個社區都有歌劇院或交響樂團，那麼這些小鎮如何吸引創意人才、增加創意的工作機會、吸引觀光客來休閒娛樂或創業夢想家來安居樂業呢？每一個城鎮都必須發揮各自特色建構其獨特的模式。

密西根州州長在二〇〇三年提出並邀請全州二七四個城市的市長共同建構密州模式的「酷城」（Cool cities）計畫，首先是透過調查、焦點訪談、州長舉辦之大學高峰會議等方法，傾聽不同居民對一個理想社區的構想，再根據這些資料和相關趨勢等等有系統地提出計畫，獎助不同社區各自提出具有特色的酷城建設方案。第三個階段則是採取行動協助各個城市擴充方案並吸引人才，以促進創新、創業和提升生活品質。最後則是進行評鑑做爲促進永續發展的依據。

密西根不是紐約，臺灣也不是密西根，冬天氣候非常不同的臺灣擁有三一九個鄉鎮，各有其豐富的自然歡娛事物和文化特色，以及可以創新組合自然與文化資源的人才，每一鄉鎮都可以發展各自模式建構其四T九A的酷小鎮，何況臺灣的交通如此方便，幾個村莊很容易串成一個創意聚落。

（本文刊載於今周刊第467期）

15 蘇珊大嬸與創意

二〇〇九四月二十三日晚上，聯合國前任祕書長安南（Kofi Atta Annan）見到英國首相布朗（Gordon Brown）的第一句話是：「告訴我蘇珊大嬸（Susan Boyle）到底是怎麼回事？」根據報導，安南面帶笑容聽著布朗的回答：「這位女士突然蹦出來，很快地就變成全球名人，她來自蘇格蘭的一個小村莊。」

截至五月七日止，蘇珊大嬸在英國星光大道上的演唱，於 YouTube 上的點閱率已經超過五千萬次；媒體在形容這位四十七歲的未婚女性時，常用「矮胖、長得不好看、唱得眞好」等字眼。

當時，看到蘇珊大嬸的扮相和年齡，評審委員及觀衆似乎都在期待她出糗，但她才開口唱了一句，評審的表情便從嘲弄轉爲驚喜，現場觀衆更是歡呼連連。

除了黛咪．摩爾（Demi Moore）、唐尼．奧斯蒙（Donny Osmond）和伊蓮．佩姬（Elaine Paige）等影歌星的讚美，英美電視台爭相邀請外，許多名人也紛紛表達他們邊看邊哭的感受，以及對這起事件的看法。還有心理學、人類學、社會學、法律、廣告、行銷等各類學者專家以及專欄作家、部落格板主和記者，都對此抒發他們的感受和想法；更多的觀衆則在留言板上表達他們的感動和評論，當然她的粉絲也成立了後援會。

這些感受，大部分都可以稱之爲創造力中的迷你創意；**當我們以新穎且有意義的角度來詮釋我們所學或所經歷的「時地人物事」時的頓悟，就是學習成長上的創意發現。**

這起事件的確喚醒許多人隱藏在心底的偏見質疑——因外貌、年齡、性別、種族等產生的刻板印象。因研究性別、種族和法律關係而著名的哥倫比亞大學法律教授威廉斯（P. Williams），認爲這個故事和歐巴馬的選舉過程及結果非常相似，她寫到：「我也聽過這些嘲笑的聲音。」「蘇珊大嬸有能力推翻傳統先入爲主的觀念，跟一九七〇年代『黑就是美』的運動所要完成的任務異曲同工，揭穿以表層現象爲主的偏見，而對公平、智慧、勇氣、謙遜、耐力、新美感以及傾聽的意願做出深度承諾。」

我們到底可以從她的故事獲得什麼啓示，大部分的建言不外乎：發現自己的優點並持之以恆地演練、取得身邊有意義他人的支持、掌握機會並且不嫌晚、抱持希望樂觀的態度、不要以偏概全也不要以貌取人等等。

令我最感動的是，蘇珊大嬸從十二歲開始就「做她所愛，愛她所做」，對自己的歌唱信心十足且專心練習。在一九九五年參加類似的競賽節目時，被節目主持人百般嘲弄，她仍然盡心盡力的把歌唱完，總而言之，她接納自己，展現出眞實的自我。

我總覺得臺灣處處都隱藏著人才，我們應該創造各種機會並擺脫任何刻版印象，讓人才得以實踐夢想。

（本文刊載於今周刊第647期）

16 週年慶活動的混搭創意

政大EMBA十週年慶，紙風車文教基金會的三一九鄉村兒童藝術工程「孩子的第一哩路」和頭城的鎮公所，三者原本毫無關係，怎麼會在二〇〇八年的十二月十三日混搭起來呢？

行走臺灣、了解鄉鎮、服務社會，自然就會聯想到紙風車的三一九鄉村兒童藝術工程。從〇六年十二月二十四日正式啓動到〇八年十二月十三日爲止，已經在一四八個鄉鎮演出一六七場，共有一二一一四筆個人和團體捐款，三十三萬六千九百人觀賞演出。

只要一個鄉鎮募集了三十五萬元，紙風車就會到該鄉鎮表演，沒有專業舞台也沒關係，表演前一天，紙風車的舞台工程人員會先到現場架設國家劇院級的舞台，讓不管居住在深山或是小島上的兒童，都有機會看到專業的演出。

那麼，爲什麼紙風車文教基金會在〇六年推動三一九鄉村兒童藝術工程？品克（Daniel Pink）在他的《未來在等待的人才》（*A Whole New Mind*，中譯本大塊文化出版）一書中深信創意、美學、愛與關懷的能力，才是未來人才勝出最大關鍵，是不受城鄉差距影響的，而這些能力是可以從藝術欣賞中激發培養的。這項演出是許多兒童第一次接觸舞台劇的機會。

到現在爲止，三個同樣想要爲鄉鎮兒童做一些有意義工作的團體，已經配合演出行程展開行動：

一、陽明海運集團，捐獻貨櫃車做爲行動藝廊；二、誠品書店提供移動圖書館，讓小朋友免費閱讀或聆聽專人的導讀暢銷書和精選專刊；三、中華民國醫師公會，在演出現場提供免費健診及醫療諮詢服務。

政大 EMBA 和紙風車文教基金會於是開始接觸合作，共同選定宜蘭的頭城啓動這個混搭活動的第一站。

政大 EMBA 的學員透過小額捐款贊助在頭城國小的演出，在與當地兒童和成人一起觀賞「紙風車幻想曲」的演出之前，舉辦了幾項活動，首先是學員邀請家人參加頭城的深度旅遊，然後由各種不同專長的學員組成「諮詢團隊」，分別到自願參加的公司行號如頭城農場、眞情民宿、阿宗芋冰城、山蘭名產城、藍鯨號漁船和大發二號漁船等的經營現場互相交流、學習與諮詢，最後在頭城國小北管樂團的演奏下，舉辦十週年的慶祝儀式。

不同的元素混搭的結果是新奇的、獨特的，而且是適當的、有意義的，這就是創意。

（本文刊載於今周刊第 626 期）

17 活到老創到老

年齡與創造力的關係一直是心理學關心的議題，一九五三年雷曼（Harvey Lehman）的《年齡與成就》（*Age and Achievement*）一出版立即成爲各界的焦點，他研究因成就非凡而留名青史的各行各業人士，發現三十至三十四歲是人生創意的高潮。化學家是在二十六至三十歲，數學家、物理學家、生物學家、發明家、作曲家和畫家都是在三十至三十四歲，即便是愛迪生最重要的發明也在四十歲之內完成；這樣的結論實在令老年人扼腕，卻深植人心。

美國西北大學教授瓊斯（B. F. Jones）相信越來越多創意人的高峰比以前晚幾年。他以過去一百年來，物理、化學、醫學、經濟的諾貝爾獎得獎人與傑出的科技創新者爲對象來驗證他的假設，他發現四二%的發明家最佳的創意年齡是三十幾歲，四〇%的人則是在四十幾歲時才有最好的創意產生，一四%的人屬於大器晚成型，五十歲以後才發光發亮，大約有七%的人像愛因斯坦一樣在二十至二十六歲之間有絕佳創意。

最令人驚訝的發現是，二十世紀的創意高峰期，的確比十九世紀晚了八年。

余光中在二〇〇八年八十歲時接受政大頒發榮譽博士，以年壽與創作爲主題，列舉古今中外八十歲以上仍繼續創作的詩人與畫家，例如清代詩人袁枚享壽八十二歲，到了晚年仍然創作旺盛，其晚年作品充滿樂觀積極、自在和諧的生活態度。南宋陸游享壽八十五歲，在晚年仍可廢寢忘食地寫作，也可以和畢卡索一樣騰出時間與孩童一起玩耍。這些人的創意改變了人類的文明或生活。

但大多數的我們都只是希望在老年時仍然可以在專業上延續創作的生命以及創意地解決老年人日常生活的問題，最起碼也可以透過創意地解釋個人一生中所經歷的經驗、事件、行動等而尋找自己可以快樂幸福、繼續成長的生命意義。

最近歐美就是以成長的模式替代遺憾的角度來看待老人，美國國家藝術基金會（NEA）委託所做的一項研究，發現**積極投入藝術創造力計畫的老人不僅長壽，有創意且快樂，身體也比較硬朗**，這樣的結果使決策者與學者相信資深公民花在自己喜歡的藝術工作之費用遠比花在醫藥上少得多，所以NEA積極提倡可親可近的藝術計畫，讓老年人投入由專業人員主持的藝術參與計畫。位於好萊塢附近的資深藝術家社區就是一個成功的計畫，這個社區除了公寓還提供小型劇院與放映室、藝術工作坊與教室、電腦媒體藝術中心、數位電影製作與編輯設備、圖書館、室外表演區、畫廊與雕塑園等愉悅設施，讓資深住戶投入創意活動。

人生七十才開始，這個社區的願景是讓老年成爲創意的開始，我七十歲了，正在臺灣夢想這樣的社區。

（本文刊載於今周刊第602期）

18 浪漫愛情與兩性創造力

根據希臘神話，九位女神在大地上漫遊，做為激發藝術家和科學家創意的繆思，有趣的是這些繆思都是女性，在神話或研究中少有激發女性創意的男性繆思。詩人拜倫（George Gordon Byron）、畫家達利（Salvador Dalí）、畢卡索都是經常被提起的例子，其中畢卡索代表著動物界的孔雀，做為女性繆思激發男性創造力的典型隱喻，畢卡索一生中創作十四萬七千八百多件作品，其中包括一三五〇件繪畫，歷經藍色、粉紅、立體和超寫實主義四個階段，每一個階段都展現他不同特色的藝術成就，而且都是從他的情人之作品開始，每一個情人都擔任了他暫時而且亮麗的繆思。

美國心理學的研究發現，人類希望自己浪漫伴侶具有創造力，排卵中的女人在潛意識中會改變其潛在伴侶的特質，從好爸爸的特質轉移到創造力的特質，創造力是良好基因的象徵，期待愛情是人生一大浪漫，如果又能如郭台銘所說發生在小島上，那更是浪漫無窮。

亞歷桑那州立大學三位心理學家以實驗的方法來驗證浪漫愛情動機對創造力的影響，他們把正值青春年華的大學生隨機分爲三組，第一組是一日情的短期求偶，第二組是可能的長期伴侶，第三組是不屬於浪漫的控制組，每組分別閱讀一本劇本。在短期求偶組的劇本中，大學生想像他們在一個島上度假的最後一天巧遇自己喜歡的人，整個下午和對方過著浪漫的生活，並共進晚餐，最後，是在月光下的海灘上熱吻；整個故事強調兩人永不再見面。

長期浪漫愛情的這一組則想像在大學校園中遇見自己的夢中情人，二人共度浪漫的下午，並且在燭光下共進晚餐，最後甜蜜地吻別；故事中當事人一直想像這個有緣人是個很好的長期伴侶，故事的結尾是他正期待兩人第一次的正式約會。控制組閱讀的故事則想像和同性朋友一起去聆聽音樂會的事件。

研究結果發現不管短期或長期浪漫動機，都會提升男性的創造力表現，但都一樣沒有影響到女性的創造力。

但如果在長期的浪漫故事中，另外增加了三種訊息，一是兩人已約會一段時間，表示兩人互相承諾，二是主角已得到伴侶朋友的認可，以表示自己值得信任，三是伴侶也和自己的朋友見過面，也得到認可，表示對方具有良好的人際關係，這個故事終於激發了女性的創造力表現。

三位心理學家下了有趣的結論，男性有如孔雀，只要具有浪漫動機，即使是一日情都能增加創造力的表現；而女性的要求則比較高，希望浪漫的伴侶必須值得信任，有所承諾而且人際關係良好，才能讓她們展現創造力。

（本文刊載於今周刊第537期）

19 體驗式創意

臺灣的管理教育正在進行典範轉移的實驗，因著和哈佛大學管理學院的結緣，一群臺灣的管理或商學院教授已經展開參與者中心的個案教學法。

參與者或學習者中心教學的興起，就是相信學習者會主動學習、親自體驗、參與歷程和建構知識；近年來，體驗的概念也延伸到經濟活動中，稱之為「體驗經濟」，所謂體驗經濟，依體驗深度與主動性分為娛樂、審美、教育和跳脫現實這四種體驗。藝廊之所以能吸引人進去，就是藝術作品、布置將人帶入「美感的經驗與感受」中；賣場為吸引顧客和辦公室為激發創意，將環境設置得只要出現在現場，就能享受愉悅的經驗。

理想的學習是主動參與體驗又能學到知識與技能，可是這樣還不夠，參與者還要積極做到「身心融入動手做」裡，從做中體驗以達到福樂境界（flow experience）；福樂經驗雖是融入學習、工作或消費而有些「跳脫現實」，但要讓參與者能夠繼續不斷地延續做中體驗、美中體驗和學中體驗，就需要「娛樂」的成分，這也就是所謂的「寓教於樂」，可以樂在其中，滿足玩興與幽默。

華人的教育比較不重視參與體驗，在進行成人的創意工作坊時，我經常問他們過去有什麼創意經驗，大部分人所描述的大多是創意有關的知識或從閱讀中看到他人的創意，而不是親身體驗的創意。

成長中的經驗，常常是成人時的美好回憶，達爾文（Charles Darwin）從小就喜歡博物的觀察探究，而他這樣的興趣也得到鼓勵，甚至在家裡有自己的花園，種花不只是種花，而是探索、發現和體驗創意的歷程。

《簡愛》作者夏綠蒂（Charlotte Brontë）、《咆哮山莊》的愛蜜麗（Emily Jane Brontë）與後來並沒有大成就的弟弟三人，每天聚在一起把看到的故事改編成劇本，她們和弟弟經常辯論、修改對方的文章，這些創作和改變的過程缺少獨創性，正如心理學的研究發現：大多數的創意作品都是在十年寒窗無人問後，一舉成名天下知。

李白的父親從小教他經書，十歲從西域遷居四川時，父親特別為他請了一位家庭教師，這位教師卻直到李白十二歲決定專心學習和創作時才教他作詩，兩個月之後李白居然可以寫出〈靜夜思〉的經典之作，而讓他眞正發憤學習和創作的關鍵則是從「鐵杵磨成繡花針」的體驗中領悟而改變的。〈靜夜思〉的創作應該是從小在多元社會中體驗生活、學習和創作，且經過了領悟建構之後的神來之筆。

從小的家庭和學校教育能夠採取參與者中心的體驗、學習和創意，當然是重要的，然而亡羊補牢時猶未晚，只要落實參與者中心的體驗，任何人都有機會學習和創造。政大陳文玲教授，最近出書提出「人尋找自我取向的創意體驗模式」，強調創意可以「經由體驗導出」，參與她工作坊的研究生和職場人士之創意體驗就是證據。

（本文刊載於今周刊第 512 期）

20 面談的投捕創意互動

面談中包括兩類人物，一是事找人的雇主或評鑑創意或計畫的「捕手」，以及其他擁有決策能力的人，稱爲「守門人」；另一類則包括人找事的可能員工或提供創意或計畫的「投手」，和其他推銷自己及其觀念、產品、經驗與理想等等的人物，稱之爲「潛能者」。

面談需要專業的技能。在好萊塢的影視製作名單當中，對提供人才的個人或組織都會給予正式的肯定。

透過面談找到對的人才、互補的夥伴是値得慶幸的，因此面談必須清楚要找什麼樣的人才。心理學研究發現，守門人要尋找擅長團隊合作的人才，團體面談的效果較好。只擔心自己或只顧著訪談人，不能進入他人對話中的人，即使準備再充分、回答再完美，都不適合團隊工作；而那些能夠傾聽別人、掌握問題，又能適當表達並融入其他潛能者觀點的人，當然是比較適合團隊工作，也比較適合做領導人。如果守門人要尋找的是一個能夠鎭靜且能有效處理危機的人，當然可以設計一些不傷害任何人的情境，從中看出潛能者如何反應與處理危機的態度和技能。

在所有的面談中，最困難的是判斷潛能者有沒有創意，或是否可以成爲創意的夥伴。加州大學艾爾斯巴（Kimberly D. Elsbach）和史丹佛大學克瑞默（Roderick M. Krame）兩位教授研究好萊塢的「捕手」如何評鑑以劇作家爲主的「投手」之創意，發現這是一種雙重歷程的社會判斷，第一種歷程是個人的分類，第二種歷程是互動中的關係分類。

因為是有關尋找創意的面談，這些影視公司的CEO和製作人，透過投手的行為和身體線索，將投手歸入腦海中七種創意人的原型。捕手認為藝術家和說故事者創意最高；相對於這兩種人，必然有創意最低且非作家的人；另外有四種人被守門人認為創意中等，那就是節目主事者、新手、熟練巧匠和生意經紀人。

在短短二十分鐘的面談互動中，捕手也會根據自己的行爲和知覺，判斷投手的創意潛能，影響他和投手的互動，產生兩種關係類型，一是專家—無能的關係，捕手在互動中因覺得對方缺乏創意而興趣缺缺，急於結束面談，甚至教訓對方。另一種則是創意合作的夥伴關係，在互動中熱情投入對話，互相激發創意；因爲捕手不僅需要創意，也需要未來共同發展創意的好夥伴。

其實所有的面談都是經過這樣的雙重歷程，守門人會根據潛能者的學經歷、性別、年齡、族群、背景等人口變項或態度、知識、表現與溝通方式等心理特性，建構幾個原型來判斷對方，守門人當然也會從互動中建構兩人的關係類型。守門人需要反思，潛能者也必須有備而來，面談可是正經事。

（本文刊載於今周刊第447期）

21 讓校園成為創意的實驗室

美國已故總統艾森豪（Dwight David Eisenhower）在擔任哥倫比亞大學校長期間成立的一個名叫美國議會的公共政策論壇，於二〇〇四年以「創意校園」爲題展開研討。與會者認爲，高等教育和藝術在校園和社區中是共生共存、互助互動的，議會只探討在美國大學院校中有關表演藝術的支持、訓練和展演三個議題，這樣的探討只是創意校園的一角，卻能作爲廣大創意校園議題之切入點。

美國表演藝術策展協會立即提供大學申請創意校園的創新計畫，鼓勵大學提出高等教育與表演藝術創新的夥伴關係。〇八年獲獎的八個大學計畫，都是跨領域、跨界的，例如衛斯理大學的計畫，是透過藝術鏡片探討氣候的變化，讓學生從多元角度理解並結合舞蹈與生物的主題，最後創造舞蹈的作品以及到蓋亞那雨林參訪。愛荷華大學的計畫則是結合眼睛黃斑點退化中心、醫學院的寫作計畫、戲劇系、英文系、物理系等不同領域的教授或工作人員，最後由劇作家和醫師共同創作一位虛構的畫家失去眼力的掙扎故事。

許多大學也紛紛成立創意校園計畫，創意校園已經成爲一種運動，從表演藝術啓動演化成以創造力爲核心的運動。**如果大學院校可以運用創新和創業的熱情，創造新的計畫和結構，讓校園成為創意的實驗室，讓學生可以在這樣的環境中學習藝術、科學和創造力，那麼教授也必須跨越理論與實務的**

鴻溝，學生也就可以自由自在地發想並實踐他們的創意，這樣的信念和實施，幾乎快要席捲所有創新的大學。

加拿大滑鐵盧大學於〇八年正式啓動「宿舍—育成中心」的計畫，將宿舍變成創意、創新與創業的育成中心，招收七十名大學部高年級和研究生，進駐特別建置的宿舍，實踐他們有關移動式溝通和數位媒體的創意。學生來自人文、藝術、社會、工程、科學和數學等領域，組成團隊，每個團隊都有一位來自產業界的師傅，協助他們構思有效的技術和企業策略。學期結束時，學校舉辦發表研討會，學生必須將他們合作的結果公開呈現，參加發表和研討會的人，也包括企業界贊助者的合作夥伴和潛在的投資者。

學校也制定了智慧財產權的政策，讓學生可以擁有自己的發明權益。贊助的廠商包括蘋果、微軟、Google 等。這個計畫的靈感來自 Facebook、Google、微軟等，這些成功的案例都是創辦人就學期間，幾名好友在宿舍裡共同孕育的創意，最後爲了實踐創意而中途輟學。

今後臺灣的大學院校評鑑和頂尖計畫，也應愼重地考慮把創意校園列爲指標。

（本文刊載於今周刊第 655 期）

第三篇

領導需要創造力

1 創造力：最重要的領導特質

最新的 IBM 二〇一〇全球 CEO 研究，訪談了一千五百位來自六十個國家、三十三種產業的CEO，這些 CEO 居然認爲創造力是最重要的領導特質。**領導者、管理者和他們的團隊，需要發揮創造力領導組織和員工，以挑戰越來越互聯和複雜的世界；他們也需要應用具有想像力的方法與其顧客溝通連結，同時也需要設計可以快速處理，且具有彈性變通的組織運作方式處變不驚。**

這表示領導人在面對越來越互聯和複雜的世界時，不能只依賴傳統的管理方式。依此推想，許多大陸台商的管理風格需要典範轉移。

早在〇一年，加拿大麥基爾大學的管理學教授明茲柏格（Henry Mintzberg）就有先見之明，結合英、法、加、印、日等國的知名大學，針對國際實務經理人的管理能力提出「參與者中心」親身體驗、互動交換的教學設計。

爲了挑戰複雜和互聯的世界，這些管理人必須培養五種心智模式，教學設計就是以這五種模式爲架構。最基本的層次，是培養反思的心智模式學習自我管理；第二層則爲培養合作的心智模式學習人際關係的管理，進而培養分析的心智模式學習組織的管理；再來就是培養全球或練達的心智模式從事環境或脈絡的管理；最後是培養行動的心智模式以進行必要的變革管理。

教學的設計是要讓參與者透過觀念和體驗後的頓悟不斷地交換，讓這些有實際經驗的領導人和管理者，在管理的概念和眞實的生活經驗之間來來回回互相印證。個人如此，團隊亦然。五個心態的培育必須分別置身於最適切的環境或脈絡才比較能夠有效地觀察、互動、分享、驗證和反思。例如，他們認爲日本和韓國比較講究人際關係，所以合作之心智的管理課程，就在合作的日本和韓國大學裡上課。

二〇一〇年政大 EMBA 的領導與團隊課程於六月底到花蓮上課，這個四天三夜的密集戶外教學就是在強調「讀中學」「做中學」「遊中學」「玩中學」「對話中學」「分享中學」「競賽中學」等的教與學原則；這些原則的實踐，需要個別努力，也需要團隊合作。閱讀通常是個人的行動，但是如何傾聽作者的心聲，並與作者產生對話與分享，也都需要互動；更何況透過世界咖啡館的活動，能與別人分享至少二十本書的精髓。

參與的二〇〇五名學員必須從團隊的發展歷程中發揮創造力，設計並執行團隊的建立與經營、成功的領導，與團隊典範等教案，讓學員體驗領導與被領導的感知，分享個人的生命與領導故事，與對個人最有啓示作用的書籍及其創意詮釋。

（本文刊載於今周刊第 704 期）

2 別忘了生活情趣的感染力

《紐約時報》專欄作家，《BOBO族：新社會菁英的崛起》作者布魯克斯（D. Brooks）是保守人士，也公開支持希拉蕊（Hillary Clinton），卻在距離投票日將近不到半年時，寫了一篇〈為什麼希拉蕊．柯林頓不討喜〉的文章，他要讀者告訴他什麼是希拉蕊的生活情趣。希拉蕊在她的「公眾我」方面所釋放出來的形象，是專業的、是她所扮演的角色，這種專業形象是勤奮、深思熟慮、任務導向，是不可信任的。這樣的公眾形象很難讓外面的人感覺到她是一個人，也就是說她缺少人之所以為人的生活情趣。可是跟她一起工作的人卻覺得希拉蕊是值得尊敬而且可親可近。

那麼什麼是生活情趣？女作家冰心認為「一個人應當像一朵花，不論男人或女人；花有色、香、味，人有人、情、趣，三者缺一，便不能做人家的好朋友。我的朋友之中，男人中只有（梁）實秋最像一朵花。」每一個人不管他在事業上成功地扮演了總統、首相、企業家等角色，但終究是個人，其嗜好和消遣，也就是作為一個人之情和趣所在，就是他的生活情趣。梁實秋在他的〈不亦快哉〉，列舉了十一個生活中的小事、自在適意的生活情趣。

在公共的報導或公共場所中，真的很少看到有關希拉蕊的生活情趣。對成功的企業家、政治人物，對藝文休閒活動的愛好和專長，經常成為別人判斷他們有沒有生活情趣的條件。其實希拉蕊在她當第一夫人和參議員任內，是非常支持藝文的，例如一九九九年因為她當第一夫人時對藝術的支持，而獲得了美國國家藝術獎，在當參議員期間也支持藝術家減稅的條款，在競選期間也多次表達對藝術教育的支持，但還是給人扮演對藝術支持的角色，而不是她的生活情趣。

德國總理梅克爾（Angela Merkel）喜歡公開誇耀她的廚藝，例如：馬鈴薯湯、牛肉卷和梅子蛋糕等拿手絕活。她第一次到中國大陸訪問時，在成都親自去市場採購，讓廚師教她怎麼做麻婆豆腐，她也不掩飾因被狗咬過而害怕狗。

當成功的人士或具有權力的人展現出他個人生活上的樂趣、遊興，更能展現出人性來，富豪巴菲特接受《財星》（*Fortune*）雜誌訪問時樂在其中地表示自己喜歡喝可樂配薯條，但他也曾是烏克麗麗演奏者，跟邦喬飛（Bon Jovi）同臺演奏，爲公益事業募款。

若望保祿二世一九九七年邀請巴布狄倫在波隆納舉行的國際聖體大會演唱，對著三十萬年輕的天主教朝聖者演唱，實際上他也是一些流行音樂歌手的朋友。若望保祿二世曾說過「美是創世者賦予藝術家的才能」，他自己年輕時也是個運動家、演員和劇作家，同時學習了十二種語言，

科學家能夠爲大眾所知所愛，通常也都跟他們的生活情趣有關，例如愛因斯坦除了科學的研究以外，對鋼琴、小提琴和駕船航行情有獨鍾。他在紐約長島海邊駕船航行時，當地的人津津樂道他的自在生活，例如他的扁平足和容易流汗的腳，喜歡穿拖鞋，在那個時候他看到一雙女性的涼鞋，他很自然就買來穿了，只要是自在就可以了。《別鬧了費曼先生》〔*Surely You're Joking, Mr. Feyman!*，中譯本天下文化出版〕也正好說明了得過諾貝爾獎的費曼先生的生活情趣。

（本文刊載於今周刊第 1041 期）

3 三種破壞性親信

高處不勝寒，是許多職位高、權勢大的領導人常有的現象。企業 CEO 如此，政治領袖更是如此。

二〇一六年十一月四日，韓國總統朴槿惠公開向人民道歉時說：「自從進駐青瓦台，我過的是寂寞、孤獨的生活。」弟弟曾經吸毒，妹妹涉嫌詐欺，她「害怕不幸事件的發生」，因而「切斷和家人的關係，沒有一個人可以幫我處理個人的事，所以求助於崔順實」。

崔順實是與她交情四十年的知己，沒有正式職位，卻僭越本分，修改政策演講內容、擔任人事資訊守門人、提供各種公私生活諮詢，甚至指揮官員和主導企業捐款等。

每個人在成長過程中，都需要知己，顯然，朴槿惠特別需要能完全依賴的心腹，只是崔順實淪爲破壞性親信，而朴槿惠也沒管理好親信。紐約大學醫學院臨床教授蘇克維茲（Kerry J. Sulkowicz）是許多企業 CEO 心理諮詢師，在他的臨床經驗中，發現三種親信具有破壞性。

第一種是應聲蟲（**reflectors**），他們經常對老闆保證「他是最公平的 CEO」。領袖多少都有自戀傾向，也有脆弱的部分，像是面對危機和難以下決定的時刻，以及個人的喜怒哀樂和私密。應聲蟲抓住這個弱點，就會迎合奉承或假造民調等，讓主管放心。

第二種毀滅性親信則稱為隔離者（**insulator**）——孤立老闆。扮演守門人，爲老闆過濾來自外在或底層的訊息、篩選應該或可以會面的人物，原本是親信的正當角色，但如果親信不能管控自己，就可能會假保密之名隱藏或修改事實。在提供給老闆的訊息中報喜不報憂或報憂不報喜、引見自己的親信，卻隔離老闆應該接見的人物。這些行爲，常是親信以自身利益出發，經過精打細算的。

第三種破壞性親信是篡奪者（usurper），這樣的人權力欲強，野心大，狠角色則不露聲息，等待時機奪取權力，甚至篡位。爲達目的，會精明能幹地討好老闆，不能擔任正式職位，至少能以地下老闆之姿，替主子決定，也會狐假虎威，假傳聖旨等。

崔順實似乎同時扮演「應聲蟲」、「隔離者」和「篡奪者」三種破壞性親信角色。

親信和內圈（inner circle）是一樣的意思，習近平和川普（D. J. Trump）上任後，媒體都會指說，哪些人是習近平的親信或哪些人是川普內圈的人。不僅政治人物、企業主管和學術領導都需要親信，任何人也都有自己的親信和內圈者。我們都需要親信或內圈的人和自己建立「自我坦誠」和「回饋」的親近溝通關係。

每個人都有不便告人的祕密、或觀念不成熟的時候、或說出來可能會被嘲笑的創意和夢想，什麼人才是他們信任可以坦誠地分享的呢？人當然不是萬能的、也可能犯錯或做出錯誤的決定，這時候他們需要別人的情緒支持和建設性的回饋，在互動中自在交心。這就是爲什麼我們要慎交並「管好」親信的原因。

（本文刊載於今周刊第 1045 期）

4 安全依附風格的領導人

陳、林、李三位舊同事闊別十年後才再相聚，這一次的聚會由老李出面邀約。小林在來或不來的猶豫中，最後還是來了，他不喜歡人際互動，見面總是既期待又怕受傷害；愛做老大的陳姊則立即答應，因爲她在乎的老李是以前的上司，對她來說，受邀就是肯定。老李具同理心、有自知之明，深信人各有專長，勇於向屬下和年輕人請益，在哪裡都很受員工愛戴。

心理學上的依附關係理論，可幫助我們了解個人的依附風格如何影響其需欲（自然且本能的需求）、人際關係、心理健康和成就。

安全依附風格的成人，在工作和家庭的關係中都覺得安全自在，老李就是這樣的人。夥伴有壓力時，他會掏心支持，自己遭遇困難時，也會尋求同事協助，他和夥伴之間既獨立又互依，雙方的關係是平等、開誠布公的。

陳姊的依附風格屬於焦慮型，可以用「情緒飢渴」來形容她的期待，努力拉近對方卻反而把對方推開。焦慮依附風格的人渴望控制別人，以證明自己的重要性。如果組織中哪位員工與老闆特別親近，她就會因擔心背叛將其除之而後安。

小林的逃避風格讓他在情緒上跟別人保持距離，職位越高，越會覺得高處不勝寒，在老闆和員工面前很少公開承認錯誤，因而經常惹來員工在背後批評他怯於負責，他最喜歡對自己講的話就是「我才不在乎！-I don't care !」。

以色列巴伊蘭大學的大衛多維慈（R. Davidovitz）和米谷林舍（M. Mikulincer）兩位教授等人，選擇以色列軍人與私人企業經理爲對象，做了一系列研究發現，焦慮的領導者以自我爲中心，缺乏自信加上強烈的控制欲望，對老闆占有欲特濃，期待部屬聽話和恭維，因而常干擾了其他有效管理，和團隊表現等等的領導目標。

部屬則是覺得逃避型領導人不易親近，或凡事不以爲然，進而感受到自己和領導人之間的疏離感，很難振作起來，因而減弱團隊的熱心互助與工作動機。

總而言之，領導人的依附焦慮與其「自我服務」的領導動機相關比較高，而在任務導向的情境中，則顯現比較差勁的領導品質。領導者的焦慮也會造成部屬的差勁表現。逃避型依附的領導與其利社會動機呈現負向關係。逃避型的主管不能夠擔任「安全提供者」的角色而讓部屬的情緒社會功能表現不良，影響了長期的心理健康。

安全依附風格的領導人才是員工心目中具有願景、魅力，值得信任的夥伴，也比較能夠讓員工在「安全自由」的氛圍中表達和發揮創造力。

（本文刊載於今周刊第1025期）

5 就是要肯定式探詢

是什麼時候開始，負面的思考污染了臺灣的正向心態。我擔憂長此下去臺灣可能會形成責備求全、抱怨推諉，甚至吹毛求疵的風氣。那要怎麼辦？過去心理學或組織行爲專家在回答「怎麼辦」的問題時，經常被要求診斷組織的錯失和缺憾，希望根據發現的弱點提出改善的建議。

一九八〇年一位二十四歲組織行爲的博士班一年級學生古柏賴德（David Cooperrider），擔任診斷知名的克里夫蘭醫療中心計畫之研究助理，他就是被要求找出這個組織有關人事問題。在收集資料的過程中，他反而發現組織中合作、創新與平等治理的正向特質。在指導教授和委託機構主管之鼓勵和允許下，他不探討臨床單位遭遇的困難，反而聚焦研究促進高度有效運作的因素。這份研究報告引起巨大的、正向的迴響，董事會因此決定發展一些方法推動組織發展。肯定式探詢（Appreciative Inquiry）方法因而誕生。

這個方法包含了四個循環的階段，第一個階段是發現，找出並欣賞最好、最有意義、最有效能的歷史和現狀。第二階段稱爲夢想階段，是以組織中已發現的紮實優勢爲基礎，建構未來的夢想。

第三個階段叫設計階段，是一個共構共創的階段，是對組織最正向的過去和最高潛能之回應，是建構理想的組織或設計團隊，以實踐夢想的階段。

第四個階段稱爲命運的階段（destiny），也就是如何賦權、學習和即興，以便永續的發展和綿延不斷地傳送下去，是發現、夢想和設計三個階段的結論。同時，也是不斷地創造「鑑賞式學習文化」的啓動。在這個階段，個人包括所有利害關係人，都被邀請參加規劃和承諾。

達賴喇嘛爲了建構看得見的和平力量，推動各種宗教之間的友誼團體。一九九九年，邀請了古柏賴德運用肯定式探詢讓各種不同宗教的領導人聚在一起，期許提升合作與和平的層次。這個團體從華盛頓 D.C. 到耶路撒冷等地繼續以向善心、感恩的態度探索友誼的驚喜。

古柏賴德的肯定式探詢是一個基本的架構，達賴喇嘛將其運用在宗教團體，更多的是運用在企業組織、政府機構、學校、非營利團體，當然也可以運用在家庭和個人。

有人認爲，這是報喜不報憂、只看優點不看缺憾，有可能導致欲蓋彌彰。其實，心態的改變是典範的轉移。彼得．杜拉克（Peter Drucker）的忠告可以回答這些問題。「領導的精髓是在創造優勢的連結而讓一個制度的弱點變得無關緊要。」

類似肯定式探詢的正向思考和行動，有機會創造良性循環的希望，人也變得樂觀、健康、快樂，當他們遭遇阻礙時，比較會創意發想，尋找已經成功或可能會成功的方法跨越障礙，而離夢想越來越近。

（本文刊載於今周刊第 1017 期）

6 自我感覺良好的領導人

自我感覺良好是人之常情，是個人活下去、往前走的自我保護色，一方面證明自己活得有價值，另一方面，有了這層保護色，面對失敗時不會覺得太糟糕，對未來還是可以保持樂觀。所謂「袂曉駛船嫌溪狹」「生不出孩子，牽拖厝邊（鄰居）」就是保護色。

我們可以應用心理學上的自利偏誤（self-serving bias）概念，來描述自我感覺良好的心理現象。所謂自利偏誤，是指我們都有一種傾向把成功歸於自己，成功是自己的能力、努力、特質、條件或自己應得的成就，這些因素是個人可以掌控的。

相對的，我們會把失敗歸因於外在的因素，包括別人或情境或運氣，是自己無法掌握或難以控制的。

例如學生考試成績好，會認爲是自己的能力和努力用功所造成的；考試失敗，就會認爲是自己的運氣不好、題目太難，或老師沒有教好。

贏了比賽和競選時，會歸因於自己的內在因素如能力好、技能高、策略用得好；輸了，自己就不必負責，因爲那些失敗因素都是外在的。

員工獲得升遷同樣歸因於自己的努力和專業知能，認爲自己應該升遷而沒有獲得升遷時，最可能的是歸因於獎懲制度或老闆處事不公。

自我感覺良好雖是人之常情，但權威角色比較容易自我感覺良好。當孩子出事時，父母親比較不會馬上扛起責任，自我反省，通常比較容易指責子女或環境，例如孩子交到不好的朋友；但孩子成功時，父母的自我感覺更好。當老師的也不例外，當學生得獎或表現良好時，校長、老師比較會站出來亮相。這種現象在政治的舞台上更加明顯。

荷蘭學者魯絲（D. Rus）等人，更進一步研究領導者的權力與其自我感覺良好之間的關係，發現位高權重者對他周遭所發生的事情缺乏敏銳，不易傾聽別人意見，也比較不會不恥下問，官大學問大就是這個道理。果然，權位越高，自我感覺也越好。

這種自我感覺良好的領導人，會受他們自認為什麼是有效領導的信念所左右。如果他的信念是認爲，有效領導者應該犧牲團體或部屬，以追逐自己的野心或目標，他就會充分利用自己的地位和資源爭取個人的利益，而不會投入時間和努力來幫助其他員工或團體的發展，肥貓就是這樣養成的。

中階領導人的權力比上不足比下有餘，比較不受有效領導的自利偏誤左右，反而會考慮外在線索，如果他們相信自己的表現好，就會覺得應該得到更多權益，當然也就會做一些決策犒賞自己良好的感覺，例如加薪、權益、認可等等，他們如果可以從客觀事實知道員工的表現眞的很好時，也會給予該有的權益。

（本文刊載於今周刊第749期）

7 領導人的偏誤

人類在維護自尊心時，可能會扭曲其認知或知覺的歷程，而形成「自利偏見」（self-serving bias），將成功歸因於自己內在的能力和努力，而將失敗歸因於工作難度、運氣不佳等外在因素。不能從失敗中學習的人，通常會抗拒別人的批評和忠告，甚至忽視可以讓自己轉敗為勝的客觀回饋。無能或自戀的領導人在爭論團隊工作的功過時會把功勞往自己身上攬，而把敗因往他人身上推。

心理學的研究說明這種現象普遍存在於人際關係、學生考試、運動比賽、消費行為、工作表現，甚至於政府和政黨運作，以及總統和企業家的領導。

學生考試考得好，認為是自己能力佳，準備足；考得不好怪罪老師教學不力，考題不夠公平。在工作上獲得升遷時，得意洋洋地告訴別人自己有多厲害，相信是才氣和勤勉的成果，但別人升遷，而他卻原地踏步時，則認為自己運氣不好，關係不夠，或者老闆把最難的工作指派給他。

德州大學阿爾帕索（El Paso）分校的政治學教授西林（Cigdem Sirin）和同事認為戰爭、經濟危機、公民社會的形成和要求，均促使當代的美國總統愈來愈在監督公共事務方面必須尋求更多的投入和影響，尤其在競選時，特別會試圖強化並且修飾人們的知覺，而向選民宣稱他們有方法可以解決國家的問題。但總統和其執政團隊也會試圖以自利偏誤的歸因解釋政治環境和施政成敗，宣稱對自己有利的歸因或將公共注意力轉移到他們自認比較正面的政策和執行結果。

哈佛大學商學院教授吉諾（Francesca Gino）和皮薩諾（Gary Pisano）透過研究，回答「曾經在其產業中扮演獨大的公司，爲什麼會一蹶不振？」的問題。

風光時，他們歸功於領導人、團隊的能力和策略，卻忽略環境因素和偶發事件的帶來的機會，因而不知不覺地發展了過度自信的偏誤，相信既然成功就沒什麼好改變的，失敗了更不會自我省思反求諸己。不僅失敗時必須追究造成失敗的內在原因而在成功時也必須反思自己成功的原因，而必須從自己的成功和別人的失敗經驗中學習。

我們已經進入女力時代，新當選的總統蔡英文、三七%的立委都是女力時代的菁英。這些女力在解決未來臺灣的政治、社會、兩岸、經濟、食安、公平正義、教育等等問題時，都必須要發揮創造力，尤其是總統。杜克大學管理學院的研究團隊普勞德弗特（Devon Proudfoot）等人的研究發現，在評估作品時，受試者會認爲男性比女性更具創造力。在評估採取需要冒險的商業計畫時，如果是由男性提出，得到的評估也比較有創意。負責監督的頂頭上司在評鑑資深企業經理時，男性經理得到的評鑑比女性更具有創新力。

研究者認爲**這種創造力的性別偏見深藏於擁有監督評價職權者的心中**。

臺灣新科女力領導人必須讓大老、老大、守門人或其他擁有監督權的人看見她們創造力的展現。

（本文刊載於今周刊第 1001 期）

8 信任是溝通與合作的基石

以前我曾笑一位香港教授，說他對政府的樂觀只是天真而缺乏認知判斷的基礎，他總是一笑置之。最近，他卻情緒激昂地表示「我從此不再信任香港政府」，向來以適性揚才的教育原則對待學生的他，原本只是去關心班上參加雨傘革命的學生，卻在那時候目睹警察對他念茲在茲的學生放催淚彈和使用胡椒噴霧劑，剎那間他變了。

他此刻對香港政府的不信任，到底是例外還是常態？

根據香港大學民意網站的報導，在二〇一四年九月十一日的調查發現，只有三六．二％的民眾信任政府，而四三％不信任；相較於一年前，信任的比率降低九．七個百分點，而不信任的比率則增加十二個百分點。

另外根據公關公司愛德曼（Edelman）二〇一四年一月公布一三年做的全球信任度調查報告，香港人對政府的信任與一二年相比，大跌十八個百分點，剩下四五％。

香港政府並不孤單，愛德曼在二十七個國家或地區，對一般大眾和大學畢業者，年齡在二十五到六十四歲，收入在該國同年齡層前四分之一的人所做的調查發現，民眾對政府的信任度連三年下跌，但相較於一三年，下跌程度沒有香港嚴重，平均四個百分點。

在這份調查當中，有五個國家並沒有下跌，例如阿拉伯聯合大公國不降反升，從六六％上升到七九％，增加十三個百分點。其他如皮尤研究中心、蓋洛普（Gallup）等的調查也都發現，許多國家的民眾對其政府不信任程度創新高，對政府的不信任已是常態，而不是例外了。

愛德曼在一四年的同一份報告中，也調查民眾對幾個產業的信任感與祈求，有六三％的人對飲食產業表示信任，但也有四八％的人認爲飲食產業必須建立更嚴謹的監控規定。

很可惜這份民調沒有包含臺灣，否則我們除了本國的民調以外，也多了個機會從國際比較中了解自己的定位；但我們至少可以從先前的頂新事件，以及政府的事前管控與事後處理，理解民眾對食安的焦慮和對政府的不信任，以及期待政府盡快建置管控機制並徹底執行，重建人民的信任感。

心理學家和組織行爲專家認爲，從人際、家庭、學校、企業到政府，信任感都是必要的溝通和合作的基石，信任感包含願景的認同、誠信正直的展現、同理心的關懷傾聽、解決問題的真心、知識、能力與行動，可靠一致的言行和透明化的善意溝通。重建這樣的信任感，應是此刻民眾對政府和企業的期待。

（本文刊載於今周刊第931期）

如果能夠擺脫官大學問大的包袱，在定案前誠懇地不恥下問，許多惹議的服貿協定、十二年國教等，一定可以獲得該有的共識並且排除執行上的障礙。

擺脫官大學問大而不恥下問，可以從企業界努力縮短科技的知識、應用和趨勢的代溝而建構的反向教學（Reverse Mentoring）機制與實踐談起。

9 翻轉師徒關係

奇異公司（GE）的 CEO 威爾許六十出頭時決心成爲科技移民，他知道大多數公司的年輕員工——尤其是新鮮人——都是網路原民；他主動邀請一名二十幾歲的女性員工當他的良師益友，安排固定時間「補習」，認眞地學習如何在科技王國入境問俗，掌握該國的語言文化；第一項的學習項目是瀏覽網站、搜尋資訊。

這樣的一對一師徒互換角色、互相學習、一起成長，在一九九九年轉化成公司的政策。他要求經理級以上的主管和公司的年輕員工一對一搭配；這種翻轉師徒關係的做法，和傳統上的師徒關係相反卻又互補。

傳統的師徒關係是由年長、職位高的或者學歷高的主管擔任年輕生手員工的師父，提供諮詢贊助、角色楷模、引薦推介和保護協助。可是當網路科技變成職場中的必需品之後，中年以上的員工就必須成爲數位移民。一方面繼續扮演傳統的師父角色，另一方面也放下身段向下學習。

反向教學已經在企業界，甚至在學術的場域以實際的行動實施之，例如美國的通用汽車（General Motor）、奧美廣告（Ogilvy & Mather）、寶鹼（P&G）、賓州大學華頓商學院等。

美國的寶鹼公司也引進向上教學（Mentor Up）計畫，讓年輕女性員工當男性主管的老師，這樣的反向師徒關係已經超越了以科技會友的關係。

資深男性主管可以傾聽、理解資淺女性員工之期望、害怕以及所面臨的問題；男性主管因此更了解資淺女性員工的生活習慣、風格、價值觀和優缺點。年輕人透過臉書、Google、雅虎、YouTube 等所看到的世界的確和長輩不同。如果產官學界希望了解網路原民的心理和行爲，可以透過師徒角色互換機制進入由社會媒體、雲端運算、大數據等元素構成的年輕國度入境體驗、虛心學習。

由下而上的師徒關係打破了傳統由上而下的階級、身分和地位而成為跨代學習的夥伴，貢獻各自專長、經驗和優勢建立互信、互學、互享、互惠的關係。年長者更有機會發揮諮詢贊助、角色楷模、引薦推介和保護協助的心理社會功能。

這樣由上而下和由下而上的協作關係，不僅適用於政府和企業組織的師徒關係，也適用於政府與民間的夥伴關係，更可打破中央和地方之間的權威關係。

（本文刊載於今周刊第 863 期）

10 傾聽沉默「顧客」的真實聲音

只要有團隊、組織，包括政府和跨國機構，就會有員工、管理者和領導人。這些員工、管理者和領導人都需要在職訓練，企業界比較重視員工的在職訓練。

可喜的是，政府也越來越重視公務人員非學位導向的教育。

過去的在職教育或進修，有幾個現象：一、組織內安排的課程以員工爲主，而不是以高級主管或領導人爲對象；二、組織內的「進修」，以工作輪調或主管和員工形成師徒關係的訓練；三、眞正落實到服務對象的現場互動和體驗學習少之又少；四、更不用提打破職位階級，一起參與民主歷程的共學、共享和共創。

半世紀以來，參與者中心的教育訓練，越來越符合民主的歷程，而這種實踐民主理念的參與者學習中心的教育方式之產生，卻是意外的。一九四六年美國康乃爾州跨種族委員會爲了實踐〈公平就業法〉，邀請社會心理學家勒溫帶領他的社會心理學同行，訓練社區領導人如何處理團體間的緊張。

參與工作坊的成員包括來自企業、勞工、學校和社會工作各界的領導人。一位研究觀察者記錄所有過程中的團體互動，而在晚上將這些觀察的結果與教授討論。這原本只是教授和研究者的會議，卻因三個參與者要求加入，而催生了訓練團體（T-Group）的方法。演變到最後，白天所有參與者都參加了晚上的討論。參與者反而覺得這樣的討論對他們的行爲和團體有很多啓示。

這些感受、體驗、頓悟和智慧激發了教授團隊，繼續爲不同的對象舉辦類似的工作坊，稱之爲「敏感度訓練」，並且成立全國訓練實驗室，引領組織發展、人資訓練的團體教育模式。半個世紀以來，新發展的世界咖啡館、腦力激盪、系統思考訓練等，應該都是這種氛圍下的創意轉化。

馬政府在二〇〇九年由研考會推動「傾聽民眾聲音－願景二〇二〇座談會」列車，其中在〇九年四月十二日的北區座談會，就應用世界咖啡館的團隊思考方法，邀請一五〇位臺灣社會菁英，和一五〇位未來領袖進行會談，總共產生六十個議題。

運用世界咖啡館這樣的團隊思考方法，讓這麼多的菁英參加腦力激盪，怎麼會讓人民對這個政府的所作所爲如此不滿？

我覺得研考會應該把這些討論的結果，重新反思，是否在執行上發生了問題，或者是很多的想法雖美，但和大多數的人民需求相去甚遠。政府很可能需要尊重勒溫和他的教授團隊與研究者在討論時，意外走進會場的那三位參與者。

也就是所有的想法，都要讓那些「顧客」參與和回饋，選擇適當易親近的團隊思考方法，敏銳地**傾聽沉默大衆的真實聲音，發揮同理心。**

（本文刊載於今周刊第826期）

11 轉型領導

在現今的社會中，所有的關係都在改變。親子關係、師生關係、兩性關係、醫病關係、主管與部屬的關係、政府與人民的關係甚至國與國之間的國際關係都面臨改變。所有關係的改變，都是從家長主義（paternalism）昇華到夥伴關係（partnership）的典範轉移，哈佛大學強調的參與者中心之個案教學法，正好體現了教學心理學上「學習者中心」的理論。老師與學生是教與學中的夥伴關係，而不是權威者與受教者的父權關係。

以醫病關係爲例，醫師憑借個人知識的傲慢對患者進行診療，不讓患者參與醫病過程，也不傾聽患者提供的相關醫療訊息即開立處方，這種家長式作風，容易形成患者對醫師不健康的依賴。醫病兩者攜手合作以達到共同建構患者健康的目標，就是夥伴關係，兩者互相尊重，運用雙方的資源建立互信負起責任。

二〇〇六年一月十八日，美國國務卿萊斯（Condoleezza Rice）在喬治城大學以「轉型外交」（Transformational Diplomacy）爲題的演講中，強調美國未來的國際外交，必須從家長主義轉型到夥伴關係：「轉型外交根植於夥伴關係，而不是家長主義。」她認爲美國應該運用其外交力量「幫助外國的公民改進他們的生活，建構他們的國家，讓他們的未來得以成功地轉型」，爲了達到轉型目標，美國必須與其他國家的人民建立共識一起做事，而不是從自己的角度替他們打理工作。

轉型外交的概念運用到組織內的領導關係便是轉型領導。轉型領導是由領導者協助其成員發展各方面的動機、道德與能力，使成員能擔當起應負的角色與責任，成爲自我實現的人。領導者可以透過下列三個途徑與成員共同努力以達到成功的轉型目標。一、提升員工對工作重要性與價值的認知。二、鼓勵員工熱心投入以聚焦團隊或組織的目標為優先任務。三、活化員工的高層需求，讓他們的需求從存在與安全提升到成就與成長。

轉型領導當然也是植基於夥伴關係，而不是家長主義，領導者首先必須發揮其理想化的影響力、懷有願景和使命感，感染員工以贏得員工的尊敬與信賴，其願景透過夥伴關係的溝通與共識，能夠獲得員工的認同。轉型領導者也必須能夠激發鼓舞員工，運用故事、語言、符號等形成共識的願景，尊重員工的專業自主，讓員工發揮各自專長，進行團隊合作。轉型領導者本身當然也需要不斷吸收新知、積極上進，以影響其他成員，進而帶動組織內終身學習的風氣，培養員工的創造力，強調知識的有效運用、鼓勵員工以新的觀點檢視並解決問題。

最關鍵的可能是領導者能夠體諒感知員工的心理感受和情緒。總而言之，以夥伴關係爲根基的轉型領導或轉型外交都需要發揮共識願景、激發鼓舞、知識啓發和個別關懷的原則。從政府與人民的關係來看，發揮轉型領導的力量，可能是目前新內閣所面臨的重要課題吧。

（本文刊載於今周刊第 475-476 期）

12 從「林來瘋」看伯樂

林書豪「林來瘋」的現象已經進入學術殿堂，從社會學家到管理學者，從心理學家到美國文化歷史學者，從人力資源專家到都會教育學者，都在詮釋林來瘋的現象和林書豪的啓示，提醒各類守門人，要當有眼光且公平正義的伯樂，要有心且有能力發掘培養並重用千里馬。校園、企業、政府都隱藏著林書豪，林書豪儼然已經是未被適時發掘重用，卻在臨危受命下爆發才氣的千里馬之隱喻。

爲什麼很多守門人當不起伯樂？學者專家對林來瘋現象的詮釋，幾乎都和刻板印象（stereotype）有關。

刻板印象是指對某一個團體的成員過度類化的看法，將相同的特質應用在同一團體的每個成員身上，因而忽視了個別差異。所謂團體包括種族、性別、社會階級、宗教、職業、外表等等。

這些刻板印象大部分是負面的但也有正面的，刻板印象中的亞裔美國人安靜、用功、數學非常好。一九九〇年，美國教育部在調查哈佛大學有關亞裔美國人申請入學遭受歧視的疑點時，發現大學的工作人員幾乎一成不變地形容這些申請者是安靜、害羞、數理導向的勤奮工作者，他們不容易評比亞洲學生的名次，因爲刻板印象的特質實在太接近了。

刻板印象一旦形成很難改變，一般人都有抗拒改變的傾向，因而創造另一個次類型（subtyping）

爲不符合刻板印象的成員另立類型。林書豪並沒有眞正改變美國人對亞裔不擅長打籃球的刻板印象，反而被看作是例外，他超脫了刻板印象，是運動場上的灰姑娘，完成英雄之旅鼓舞全美的典範，這個次類型可以讓原來的刻板印象依然保留完整。

加州大學柏克萊分校的非裔社會學名譽教授愛德華茲（Harry Edwards）認爲，少數媒體對林書豪帶有刻板印象的冷嘲熱諷非常不智，他強調林書豪對美國社會的貢獻不能低估，林來瘋擴大了美國社會中民主參與的基礎，是一個偉大的故事，應該引以爲榮。

曾經擔任十四屆紐約州議員，現在擔任智庫 DEMOS 資深專家的布洛斯基（Richard Brodsky）甚至認爲，共和黨正需要像林書豪這樣的總統候選人，這個隱喻說明了林書豪和歐巴馬一樣都戰勝了「刻板印象威脅」而成就其所愛所做。

刻板印象威脅是指個人知道刻板印象的存在，但害怕自己或別人讓自己對號入座，所以會努力地定位自己，肯定個人認同，避免落入別人期望的類化陷阱。

一般人在害怕掉入刻板印象的掙扎中，注意力會分散，表現也會因而降低；林書豪卻是個具有安全感、認同感、同理心、責任感、影響力和自由創新各種生命原型特質的英雄。

領導人真的必須擺脫刻板印象的糾纏，讓更多的林書豪從暗處走出去、亮起來。

（本文刊載於今周刊第 798 期）

13 內向者也可以是好領導

最近我們經常聽到產、官、學界擔憂人才斷層的聲音，尤其是在韓國和中國陸續挖走臺灣的人才之後。大家口中的人才應該是指大格局的領導人和主動積極的員工。

策略專家和發明人馬丁（Alain Martin）認爲人在決策時通常有四種選擇，第一種是等著瞧靜觀其變，第二種是聽從配合、照表操課，第三種是遵守遊戲規則但積極行動，第四種是主動積極、接受挑戰和創新前瞻，面對危機時會發揮創造力而化危機爲轉機。

賓州大學華頓商學院教授葛蘭特（Adam Grant）和他的團隊認爲主動積極包括掌控、發聲和向上影響三個因素。

掌控的特質包括試著在他的崗位上修正錯誤和提出改進工作的程序，發想並實踐解決組織問題的方案。發聲就是表達自己對工作議題的意見，縱使他的意見與別人不同。向上影響則是指和上司討論任何工作相關的議題。

是的，全世界產、官、學界都需要主動積極的人。弔詭的是，抱怨人才斷層或員工缺乏積極主動的人，幾乎清一色都是檯面上外向的領導人，是衆人注目的焦點，位高權重、果斷、健談、喜歡控制場面和支配部屬。過去許多研究發現，外向的領導人比較容易出頭和升遷。

但不是所有領導人或有效領導人都是外向的。根據一項調查，有四〇%的美國領導人認爲自己內向，是因爲角色的要求而使他們表現外向，連巴菲特和比爾．蓋茲都不認爲自己外向，當然從傳記中我們知道有些成功的企業家的確是內向。金寶湯公司（Compbell Soup）極受讚美的前執行長科南特（Douglas Conant）以及先後擔任3M總經理和董事長的麥克奈特（William McKnight）都是例子。

葛蘭特教授的研究團隊認爲，雖然許多成功領導人都是外向的，但也可能需要付出相當大的代價，於是他們進行相關實驗和研究，結果發現外向的領導人對被動消極的人非常有效，因爲這些員工在外向領導人的強勢或魅力的領導下表現比較滿意；內向的領導人則比較有機會讓主動積極的員工掌控情境、主動發聲和向上影響。

從這個研究看，**員工在外向領導者的影響下，比較不會選擇主動積極或主動出擊的策略，大多會靜觀其變或聽從配合，他們也可能遵守規則但積極行動；然而在內向領導人下面工作，則比較有機會發展由下而上的主動積極行為。**

不讓人才斷層，要培養未來大格局的領導人，期望員工主動積極，外向的領導人可以參考成功有效的內向領導人的做法，如麥克奈特所說，雇用好的人才然後讓他們主動積極發展。

外向的領導人，除了培養員工主動積極的行爲，開會時盡量先思後說、深度對話、邀請大家表示意見，在結論時歸納重點引導方向。

（本文刊載於今周刊第765期）

14 機會是給準備好的人

暑期是很多生手開始上台的時候，有人上職業的舞台，也有人上教育的舞台，我很想跟這些生手說：「機會，是給已經準備好的人」。

二〇〇九年《時代》雜誌一百位最有影響力的人，中國鋼琴家郎朗在二十位藝人分項中排名第八。他可以說是兼具藝術與娛樂的文化創意產業達人，還不到一歲就開始識讀音符，這位說自己比起鋼琴更愛表演的年輕人，四歲時，在嚴厲的父親安排督導下，開始過著「彈好琴的唯一途徑是苦練」的生涯。

到了一九九九年十七歲時，他的「渴望行動、演出機會、外界的認可、合理的報酬」的期許有增無減。他的努力苦練和尋求機會早已做好萬般的準備，終於有一天的早晨八點接到通知，在傍晚就要代替生病的瓦茲（Andre Watts）演出《柴可夫斯基第一鋼琴協奏曲》的第一樂章，就這樣一夜之間聲名大噪。

瓦茲在德國出生，四歲學小提琴，六歲決定專攻鋼琴。因爲不喜歡練習，爲了鼓勵他，母親就告訴他鋼琴家兼作曲家李斯特（Franz Liszt）的故事，讓他體會李斯特的勤奮經驗。而瓦茲也眞的從李斯特的故事和音樂中得到啓發，忠實演練十年，終於在一九六三年元旦、十六歲時，意外驚喜地被指揮大師伯恩斯坦（Leonard Bernstein）臨時找去代替另一位鋼琴家，這一次演出一樣轟動樂界。

有趣的是伯恩斯坦也是臨時代打上台，那年是一九四三年，他二十五歲，才應聘擔任紐約愛樂交響樂團的助理指揮不久；當時的指揮、有戰後五大師名銜的華爾特（Bruno Walter），因生病臨時親自指定伯恩斯坦代他上台指揮。

有人說在三個月的相處中，華爾特深知伯恩斯坦已準備妥當，也有人說因爲兩位大師都是猶太人，華爾特故意裝病讓伯恩斯坦有機會表現。因爲華爾特當初不僅被迫離開德國，還在別人的建議下決心改德國姓華爾特（華格納歌劇《紐倫堡名歌手》中的角色名字）取代明顯的猶太人姓氏，才有演出機會。

每個人一夜之間成名的機會都是因爲長年累積的準備，正所謂「踏破鐵鞋無覓處，得來全不費工夫」「台上一分鐘，台下十年功」。

「機遇青睞已準備好的心智」，是被譽爲「細菌學之祖」的巴斯德（Louis Pasteur）名言，他的一些研究發現和發明雖是無心插柳柳成蔭，但其實這些意外都是多年「衣帶漸寬終不悔，爲伊消得人憔悴，驀然回首，那人卻在燈火闌珊處」的頓悟。

在管理顧問專家衛爾特（B. Welter）和西北大學管理學院教授和伊戈曼（J. Egmon）的著作《有備而來的領導者心智》（*The Prepared Mind of a Leader: Eight Skills Leaders Use to Innovate, Make Decisions, and Solve Problems*）中，認爲一位領導者如果期待機會來敲創新之門，就必須隨時準備好觀察、推理、想像、挑戰、抉擇、學習、賦權和反思的心智技巧。

（本文刊載於今周刊第708期）

15 謙卑、謙卑、再謙卑

蔡英文在二〇一六年一月十六日的總統勝選演說中，要求所有民進黨黨工職「謙卑、謙卑、再謙卑！」在四月三十日的內閣共識營中，則提醒大家「八年的累積可能比不上八秒鐘的失言」。她一方面表達了政治領導人具備謙卑的素養與行為之必要性，另一方面也擔憂不知謙卑只逞一時之快可能會導致事與願違的後果。

在臺灣由遠流出版的暢銷書《從A到A⁺》（*Good to Great*，中譯本遠流出版）的作者柯林斯（Jim Collins）研究企業領導人之後發現，企業界在選用CEO時，通常都會根據他們好勝爭強的表現或業績，有些CEO會讓公司在A級原地踏步或向下沉淪，而能夠從A到A⁺的領導人都藏有祕密的武器，那就是謙卑。他們結合謙卑的胸懷和強烈的專業意志，讓組織從優秀走向卓越，他建議找出這些對的人創造紀律的文化、走向對的方向、做對的事情。讓自己的生活和那些他們所接觸、領導和服務的人共同努力、向上提升。

這幾年因為正向心理學的崛起，學者也加強謙卑的研究。綜合心理學和組織行為的研究，我們可以說謙卑並不是看輕自己低調不語，而是自信自強、富同理心。首先，謙卑者都有自知之明、了解自己的優弱點、相信人都有缺憾限制，也都會知識不足、犯錯時勇於承認但都胸懷向善之心。吳念眞的國民戲劇《人間條件一》，所以引起共鳴，其中一個原因就是劇中的角色如董事長、幫人洗衣服的阿嬤等都積極努力滿足心中缺憾的幸福快感。

歐巴馬於一六年四月三十日在白宮舉行八年總統任期的最後一次記者餐會中，實踐總統角色最後的六個月任期和卸任後回到平民角色之生活以及上了年紀之後可能面臨的問題，不掩飾地自我解嘲、知所進退就是謙卑的表現。

謙卑的第二個要素是，尊重別人、認可部屬和工作夥伴，甚至意見歧異者的優點、成就和貢獻。

第三個要素是，開放心胸、願意吸收新觀念、向別人學習並建構社群，不會自以爲是，就不會將別人對自己的尊重、合作和貢獻視爲理所當然。**可以接受別人包括部屬對自己表現的回饋，從中學習。身先士卒，要求別人做什麼，自己也願意去做。展現謙遜，願意讓那些默默工作的同事發光發亮，在自己成功的時候低調。**

要比較精準地判斷一個人是否謙卑，最好的方法就是利用容易引發自我中心的情境，例如在衝突不斷升高或者是權力鬥爭的進行中，是觀察或判斷一個人的謙卑程度的好時機，也就是「聽其言、觀其行」。同樣地，在容易挑起知識傲慢的情境，光看當事人的反應，就能推論他是否謙卑。謙卑者必須加強自我調適和節制的能力，才不會落入「八年的累積可能比不上八秒鐘的失言」。

（本文刊載於今周刊第 1013 期）

16 雇用那些比你聰明的人

二〇一五年獲得奧斯卡最佳改編劇本獎的《模仿遊戲》（*The Imitation Game*）是根據眞人眞事的傳記改編的，眞人就是被認為是電腦之父的圖靈（Alan Turing），眞事就是他破解了第二次世界大戰德國恩尼格瑪的軍事密碼。

當圖靈在建立團隊時，突破了積習的方法，以填字遊戲招考人才，要求人才須和他一樣在八分鐘內完成。團隊中唯一的女性，一位數學天才，居然在五分多鐘內完成。圖靈跨越性別、年齡和遲到行爲而雇用她，後來，在回答克拉克（Joan Clarke）問爲什麼選她時，他說：「有時候，沒有人想像可以做任何事情的人，最後卻能夠做出別人無法想像的事情。」這句話正好描繪了圖靈本人的科技人生。

研發過程中，司令丹尼斯頓（Alastair Denniston）認爲他未能在短時間內完成破解計畫，而要把他趕出去，圖靈於是寫信給邱吉爾（Winston Churchill）首相並獲得認可，也授權他領導整個團隊，終於破解密碼。邱吉爾是識才的伯樂，而丹尼斯頓卻無法辨才。

皮克斯和迪士尼的總裁卡特莫爾（Edwin Catmull）從小希望結合電腦和動畫，在一九七四年拿到博士學位後，帶著製作電腦動畫電影的夢想應徵教職。在面談時，他總是被告知：「我們是要你來教電腦的。」他的跨領域新穎的創新夢想無法得到認同。幾個月後，卻意外收到紐約理工學院創辦人許瑞（Alex Schure）的邀請，在充分信任支持下，從頭組團啓動了電腦動畫夢想之旅。

圖靈、邱吉爾和許瑞都了解要招募最優秀的人才必須採用創新方式。**「在雇用人的時候，給他們潛能的發展機會比當下的技能更重要，他們未來能做的，比現在能做的更重要。永遠記得雇用那些比你聰明的人。」**卡特莫爾這句話不僅適用產官學的招募人才，也適用於大學、研究所的招生機制。

國立台北教育大學的陳蕙芬教授，根據十年來從大學院校到企業的創新選才方式，撰寫成《創新來敲門！改造你選才的老房子：創意選才理論與個案研討》一書，除了台大牙醫系、政大科智所和亞洲大學創意設計學院等十所大學的系所創新招生方式以外，這本書裡也包括和碩、聯華科技和宏碁的企業選才案例。

其實教育適性揚才的理念，不只要像圖靈、克拉克和卡特莫爾可以人盡其才，更要讓每個人都能享受天生我材必有用的成就。不同的工作、不同的領域都需要不同動機、性向和技能的組合。

臺灣的大學和企業的選才老房子，必須突破欲迎還拒的矛盾，勇敢地敞開大門，迎接創新的選才方式。

（本文刊載於今周刊第952期）

17 領導人的國際溝通智慧

中國崛起後，臺灣越來越有被邊緣化的可能，國際交流或互動工作也會越來越困難。

怎麼樣才可以笑傲江湖，就要看國人是否能像阿里巴巴的創辦人馬雲所說的，能傲因爲有實力，能笑是因爲有胸懷，而胸懷是被冤枉撐大的。**在任何人際溝通或國際交流中，語言的使用是最基本，也最能夠反映我們能否笑傲國際的關鍵因素。語言的使用，至少包括語言的選擇，以及語言表達與詮釋的方式。**

一位以「臺灣專家中國通」的角色在亞洲成功的美國人，在一次對歐美人士的演講中，說中國人不太能夠理解或接受諷刺的幽默。這話可能以偏概全，卻完全反映了他內心的想法。換句話說，他的溝通方式是直接的。

他在臺灣重要的溝通場合中都使用英文，在無關緊要的內容上則使用中文。但國人明知他是臺灣專家中國通，卻還是使用英語，即使他們的英語程度遠不及這位美國人的中文。這位美國人使用的是在國際交流中的強勢語言，是他本人擅長的英文。因此他特別自信，甚至有咄咄逼人的氣勢；他反諷的訊息總是非常直截了當，有時令人生氣。

他的臺灣對口在和他談話時，多數使用也期待對方使用間接的溝通方式，因此常會去揣摩對方說話的背後意義；何況英語是他的弱勢語言，有時也因英文程度未盡臻至，而無法完全理解對方的反諷語言。

溝通可以根據意思的表達和詮釋之程度不同，而分爲間接與直接兩種溝通方式。東亞人的口語表達，比較會依照情境或個人的因素來詮釋，因此意義的傳達比較模糊；說者可能間接傳達其話中話，而聽者也會間接尋找其隱藏的意義。相反的，美國或德國人說話時，所表達的意義，主要還是根據其語文本身的意義來詮釋，比較直接甚至霸氣，也較會從別人話語中直接就話論話。

過去的研究發現兩人關係中，滿意的雙方在表達自己的意圖及詮釋對方的意圖時都比較精準。假設太太對丈夫說：「我覺得有點冷，你呢？」丈夫對這句話有幾種可能的解釋：一、太太只想知道資訊：丈夫是否也覺得冷？二、太太暗示丈夫她想要身體的親密接觸；三、太太要求丈夫關上窗戶。若太太的表達方式是直接的，第一個詮釋是正確的；如是間接的，第二及第三個詮釋皆有可能。在這一個情境中，成功的溝通需要說者有能力做出讓對方知道其眞正意涵的婉轉表達，同時聽者也要有能力詮釋其眞正意涵。

在什麼國際場合、選什麼語言、用什麼溝通方式，需要智慧。

（本文刊載於今周刊第 586 期）

18 在政經舞台成功的4F

一九八七年政治解嚴之後，臺灣的確發生許多正向改變，然而我們的心態並沒有太多改變，二〇〇七年的十八分事件，不少論者還是以紙筆測驗的分數作爲衡量個人表現和成就的準則，而廣設大學也是爲了滿足社會重視文憑的需求。這就牽涉到哪些因素會影響年輕人在社會上的成功機會。

二十幾年前，我有機會傾聽外籍經理人在臺灣最佳的實務經驗，他們成功的原則可以歸納爲四個大F，驚訝之餘，我編製一份「四大F量表」。到底是哪四大F？**第一是Father，代表父親的背景；第二是Fate，代表命運或機會；第三個F是Favor，代表人情；第四是Face，代表面子。**分別問受試者「一個年輕人要在臺灣的企業界或政治界成功，他父親的背景、命運或機會具有很大的影響力」「懂得做人情或懂得給別人面子是很重要的」。受試者以五點量表做答，分別爲一、極相信，二、相信，三、難決定，四、不相信，五、極不相信。

一九八八年總共有五十六名上我政大MBA和企家班管理心理學課程的學生回答問卷，極相信和相信父親的背景對一個年輕人要在臺灣的企業界和政治界成功，具有很大的影響力之百分比分別爲六四．二%和九二．九%。而命運和機會的影響力則分別爲七八．五%和七一．四%。極相信和相信懂得做人情對一個年輕人在臺灣的企業界和政治界的成功是很重要的百分比，分別爲八三．九%和八九・三％。至於懂得給別人面子在企業界和政治界的成功是很重要的百分比都是八五・七％。

怪不得這些外籍經理人每年都會想辦法網羅具有影響力的政治人物之子女或關係人，或運用改變風水等方式來安撫人心。也懂得順乎人情、做足面子。一位總經理公開責罵手下主管：「你們這些臺灣人眞的缺少自動自發的精神和創意思考的能力。」第二天個別告訴幾位「重要幹部」：「昨天我罵的人並沒有包括你。」他的結論是：做足個人的面子是重要的。集體的面子在臺灣似乎沒有那麼重要。

從選舉的過程與結果，從媒體的事件報導，以及生活中觀察，四大F在臺灣解嚴二十年後，似乎仍然影響整個社會，○七年五月底，我又對一九四位政大九六級的 EMBA 學員做了四大F量表，更驚訝地發現其結果二十年來改變不大。變化最大的是父親在政治上的影響力從九二・九％微降到八五・一％。

政治解嚴之後，臺灣大有可爲，也的確表現不錯，但要徹底發揮潛力，恐怕要從根本上的心態進行典範轉移。

（本文刊載於今周刊第 557 期）

19 趨吉求成與避凶防敗

好的領導人會採取趨吉求成的策略，使用激勵別人想像未來的抽象語言，同時也需要防患未然的政策，採取具體語言，避免損失的後果。

成就非凡的個人可以激勵別人追逐卓越，成功的企業家、棒球明星、諾貝爾獎得獎人可以稱為正面的角色楷模。有正面的角色楷模，當然也就有負面的角色楷模，任何遭遇不幸的人，例如緋聞纏身的知名人士、賭輸生命、酒醉駕車遭遇不幸，這些人的不幸經過渲染之後，也常被父母或教師提出作為年輕人的警惕之用，希望能夠因此激勵人們採取必要的步驟，讓自己不要步上後塵，導致不幸的結果。

心理學家席根斯（Edward T. Higgins）認為在調節自我行動與行動結果之間的關係時，有一種人會採取趨吉求成的焦點，另一種人則採取避凶防敗的焦點。前者積極努力以獲取正向的結果，完成理想的自我；後者則同樣積極努力，卻在極力避免產生負面的結果，以防衛害怕的自我之出現。

當人們受到趨吉求成目標的激勵，就會檢視甚至記取所有能夠影響他們成功的訊息，這樣的人自然比較會特別注意並仿效正向的角色楷模，激勵自己追求成功，採取趨吉求成的策略。相對的，當人們受到防敗避凶的目標激勵時，就會注意甚至吸收有關避免失敗的資訊，因此他們特別注意並仿效負面的角色楷模，避免失敗且採取防敗避凶的策略。

強調趨吉求成的目標時，人們比較會思考新奇替代方案，想出策略以達到目標，因此在從事創意工作時，他們的思路比較流暢；相對的在防敗避凶的目標下，人們為了避免消極結果，即使在創意情境中，也會重複可能不適用的方法。

在組織中，趨吉求成的人比較願意接受改變進行改革或創新。而防敗避凶的人則比較在意安全穩定且不敢冒險，創新與改革則是能免則免，爲的是希望不要慘遭失敗。工作被打斷之後，防敗避凶的人就會繼續回到原來的工作，就像在溝通對話時，因談話的內容無法滿足對方的興趣而被打斷，防敗避凶的人還是會繼續他原本沒有說完的話，而趨吉求成的人都會尋求替代工作或在溝通時換個能引起對方興趣的話題，繼續進行有趣的對話。

歷史上的名言爲什麼都是比較抽象，如美國甘迺迪總統的「不要問國家能爲你做什麼，而要問你能爲國家做什麼」；愛因斯坦的「想像比知識重要」，這些話都是趨吉求成的說話策略，所以好的領導人會採取趨吉求成的策略，使用可以激勵別人想像未來的抽象語言，而經營者除了要採取趨吉求成的策略，化願景目標爲執行力，同時也需要防患未然的策略，採取具體語言，避免損失的後果。在一個組織或國家當中，這兩種人如何創意搭配組合，會影響組織或國家的成敗。

（本文刊載於今周刊第553期）

20 兩岸主管的人際行為差異

一位三十多歲高科技產業的經理人張先生志願到上海爲公司設立工廠、開拓市場。志願的原因之一是，從小就聽父母親敘述他們成長時期上海的繁榮，以及江南的人情故事，他相信自己可以因著同文、同種、同鄉的情誼，在大陸的發展一定能比別人事半功倍。

在一次企業領導人經驗分享的活動中說到傷心處，淚水不禁奪眶而出，說到誤判的經驗時，則又自責起來，他因一廂情願誤判兩岸認知上的差異，導致開創和管理上的困難是可以理解的，而這種種的困難也是可以避免的。

地廣人多的中國大陸，不同城鄉在認知和行爲上的差異非常大。在上政大企管所的管理心理學「團體差異與管理」之單元時，我通常會先請大陸經商經驗豐富的企家班同學一字排開，再讓經驗較少或完全沒經驗的企家班和碩士班同學分別與他們組成五人小組，然後把張小鳳針對台北、香港、廣州、上海和北京五個地區的企業主管人員所做之研究結果發給各小組，讓有大陸工作經驗的台商，以親身體驗的具體事例和觀察評論這個研究的效度，讓其他組員參與討論。常常討論的時間已過，很多組別依然欲罷不能。

這五個地區企業主管的人際行爲的確有差異，北京主管在各種人際攻擊的行爲上都比其他四個地區顯著地高。所謂攻擊性行爲包括：用語言嘲笑、批評、貶抑他人的口頭攻擊；以實際或想像來攻擊他人的肢體攻擊，以抱怨、拖延、頑固等間接方式抵制別人的消極攻擊，爲了保護自己或爲了獲取個人利益而忽視別人權益所做的攻擊，容易惹人生氣或表現憤怒等等。有趣的是，北京主管也比其他四個地區不會拒絕不合理或不方便的要求，尤其是來自上司或有權勢的人之要求，這種攻擊性強而又不能拒絕不合理要求的矛盾行爲，正好反映了北京主管的權威性格。

上海地區的主管則是自信心最強，對自己的才幹能力持有正向態度，對自己的人際互動技巧信心十足，在大陸三地的主管之間，上海人在讚美他人或接受他人讚美時，較容易感到舒適。

相對地，台北主管在人際行為上的表現算是中庸的，與香港的主管比較接近，都比較願意承認一般社會所不能接受的弱點，能夠接受自己的弱點，而又能夠機智地自我解嘲，發展幽默的可能性於是增加。

臺灣主管一般來說沒有北京主管果斷，北京主管比臺灣主管顯著地認爲自己在團體中能扮演領導的角色，能主動發言並帶動討論，甚至幫別人出主意、做決定。臺灣主管也比廣州的主管較能自在地讚美別人或接受別人讚美。最近的研究也發現臺灣企業員工對自己服務的組織之價值、努力與留職承諾，都顯著地高於大陸高，在臺灣有豐富管理經驗的主管有了這層認識之後，才能在大陸的管理工作上「因人施管」。張先生其實不必如此辛苦。

（本文刊載於今周刊第 480 期）

21 擺脫防衛性溝通

馬英九總統二〇一二年就職的前一天表示，在第一任內，政府有四個不夠，其中第四個是與人民的溝通不夠，他願以同理心來了解人民的不滿。閣揆陳冲也表示，五二〇後行政院進入全面溝通時代，希望閣員對外說明政策時，必須用同理心設想民衆的感受，要用民衆聽得懂的語言，而不是專業語言。

正如總統和閣揆的表達，一般在增強有效溝通的訓練或建議時，比較會強調溝通的語言和技巧。心理學家基伯（Jack Gibb）從八年的訓練企業主管、政府領導人以及其他各行各業的決策者，無數的錄音和資料中分析解讀，發現了解溝通的方法，需要把溝通當作人際關係的歷程，而不是語言的歷程。

從人際歷程的角度來看，溝通的氛圍和行爲可以分爲防衛性溝通和支持性溝通兩類，要改進溝通，首先必須擺脫溝通中的防衛氛圍和行爲。

溝通中的防衛行爲之所以會產生的基本原因是，溝通者覺得在溝通的情境中，感受到或擔心來自別人的威脅。他希望贏得別人的贊同甚至掌聲，在對方心目中塑造良好的形象，支配別人的反應或情感，逃避問題的核心，以免受到抗議或懲罰。

防衛行爲一旦發生，溝通者就很難專心聆聽對方的心聲或訊息，有時候會因此發生閃神的現象，不僅降低溝通的效果，甚至會曲解溝通的訊息。相對地，在一個互相支持的溝通氛圍中，溝通者就比較自在、輕鬆自然，而聆聽者也比較能夠在情感上和態度上專注溝通的內容及其含意。

防衛性溝通表現出評判、控制、策略、優越感、想當然耳和不帶感情這六種氣氛和行為，支持性溝通則表現據實敘述、問題導向、真心自發、平等心、應變和同理心這六種氣氛和行為。

總統和行政院長所詮釋的同理心，如果停留在語言和技巧的層次，那只是不帶感情的防衛性溝通。當聽者感受不到眞情流露的關懷，再美的語言都是枉然。

眞正的同理心是苦人所苦、設身處地，不一定同意聽者觀點，卻能認同他們在乎的問題，能夠感同身受聽者的情緒，並能掌握對方的訊息重點。

馬友友舞台上的表演和電視訪談的溝通值得政治人物參考。上台前，他會假設他是大型晚宴的主人，每一位觀衆就坐在客廳，主人不能顯露憂慮，以免賓客覺得不舒服。

這是馬友友從美國電視美食節目主持人柴爾德（Julia Child）身上學到的，如果烤雞掉在地上，她不會尖叫或慌張，只是冷靜地把雞撿起來，繼續保持笑容。「拉大提琴也是一樣的，我可能會犯錯，我只好歡迎第一個錯誤，然後鬆鬆肩把它甩掉保持微笑，更專注地繼續表演」、「完全融入音樂的情緒，這時候表現最好。」

（本文刊載於今周刊第806期）

22 點燃希望，改變世界

二〇一〇年十一月十四日上網閱讀《紐約時報》，有關翁山蘇姬的新聞標題和圖片，立即吸引了我的注意。

照片中的翁山蘇姬身著深綠色的傳統服飾，挺立於支持者中，和遠處茂盛的綠葉相互輝映，文章的標題是〈異議人士告訴群眾不要放棄希望〉。

英國作家約翰生（Samuel Johnson）說：「貧窮、疾病、囚禁的悲慘，如果沒有希望的撫慰，就無法忍受下去。」爲了幫助弱勢或偏遠地區或遭遇不幸的人，目前已有許多以希望爲名的計畫、活動、基金，而且有越來越多的趨勢。

二〇〇八年，緬甸遭受納吉斯風災重創，慈濟志工幫助他們建設一所名爲「頂甘鐘第四中學」的希望工程學校，〇九年啓用後隨即轉交給緬甸政府。

卸任多年的美國前總統柯林頓，影響力仍在，主因是他任內提出希望獎學金方案，社區學院的學生學費可抵扣所得稅，減輕了中下階級家庭的負擔。

從心理學角度來看，希望是期待正向結果的意志，以及相信自己可以尋找方法以實現願望。我們都會規勸別人，「天下無難事，只要努力、堅持，必能成功。」「天無絕人之路，事情總會獲得解決的。」「山不轉路轉，路不轉人轉，人不轉心轉。」這些都是希望的意志力。

我們同時也會在別人面臨困境時，說服他們從不同角度詮釋問題，鼓勵他們創意的想出方法來達成目標；這就是希望的尋求解決之道，心理學的研究的確支持了希望的正向功能。

邱吉爾和小羅斯福未必是最偉大的領導人，但他們都能夠在國家最困難的時期激起國民的希望。邱吉爾在第二次世界大戰時透過演講，讓人民燃起希望。小羅斯福在上世紀三〇年代面臨經濟危機時，結合了希望的意志和經濟的計畫，使美國的經濟蕭條沒有演變成政治危機。

希望對企業領導人也同樣重要，這也是爲什麼在管理學院將戲劇融入領導培育的課程時，特別鍾愛莎士比亞《亨利五世》（*Henry V*）劇本和電影的原因。

一四一五年十月二十五日，英王亨利五世以六千餘人的部隊，打敗了三到六萬人的法軍，這可以歸功於他求勝的意志力和事先推演的致勝方法；當然，他也需要激起所有戰士的希望，在出發前的「下定決心則萬事俱備」的演說果然奏效。

翁山蘇姬告訴群眾不要放棄希望，除了追求自由民主的意志，也提出了她認爲可以奮鬥的途徑。這些途徑包括強調民主自由的基礎就是言論的自由；必須爲認爲對的事情站起來；大家團結就能得到他們所要的，以及她願意去跟任何人，包括軍事政府的領導人談判等等，這些都隱含達到目標的可能方法。

（本文刊載於今周刊第728期）

第四篇

創意引領創新

1 以人為本的創新文化

德州農工大學校長茅博勵（William Mobley）卸任時，我問他：「你任內最大的成就是什麼？」

「邀請劇作家駐校是其中之一。」他說。

駐校藝術家計畫對沒有藝術科系的大學特別重要。政大從二〇〇一年實施駐校藝術家的計畫以來，對學校的藝文風氣和創意氛圍影響很大。一五年爲了發揚駐校藝術家的精神並想像空間文化的未來，邀請了建築師「黃聲遠與田中央」擔任第十五屆的駐校藝術家。

二〇一五年四月二十二日，恰好是黃聲遠設計的淡水雲門劇場開幕季首演，利用這個機會，讓去年和今年的兩位駐校藝術家林懷民、黃聲遠透過作品進行創意及其空間文化的對話，以另類創新的方式，延續去年林懷民與其前屆吳念眞的對話傳統。

黃聲遠也因其從整體環境脈絡思考的宜蘭建築設計成就，在暑期應邀前往東京「間藝廊」展覽。以往十四屆都是政大師生與社區人士在校園裡觀賞作品的展演，今年則希望觀賞者可以走出校園，親自到宜蘭、淡水甚至東京，體驗設計作品及其地景視野。

孕育這些作品的「田中央」，是以黃聲遠爲領頭羊的非正式建築學校，正是以人爲本的創新文化實例，此刻特別值得產官學各界在推動青年創新創業計畫時參考借鏡。

最近許多大學紛紛成立創新創業中心或學程，甚至學院，國發會、經濟部和資策會等機關也邀請麻省理工學院（MIT）媒體實驗室的共同創辦人拉山（Kent Larson）博士來台，洽談空總創新基地的創新合作。柯市長在參加「臺灣、以色列教育創新合作論壇」時，表示希望借助以色列經驗，給台北市創新的建議。不管是合作或借鏡，我們都要認清 MIT 和以色列等產官學界的創新文化。

李嘉誠基金會邀請成功育成諾貝爾得獎研究和青年創新創業之以色列理工學院，在汕頭大學成立「廣東以色列理工學院」，也是看重以色列以人爲本的創新文化。

去年，更因皮克斯的創辦人卡特莫爾的《創意電力公司》（*Creativity, Inc.*，中譯本遠流出版），以及 Google 現任董事會執行主席施密特（Eric Schmidt）與其同事的《Google 模式》（*How Google Works*，中譯本天下雜誌出版）兩本著作的故事敘說，凸顯了以人爲本之創新文化的重要性。**在皮克斯的創新文化中，創意的員工可以擺脫階級的桎梏，互信溝通、辯論、挑戰和即興合作。這和 Google 的無所畏懼、幽默互動、搏感情、飆創意的樂趣文化是相通的。**

田中央、Google、皮克斯、MIT 媒體實驗室、以色列理工大學，甚至部隊，都具備了這樣的以人爲本的創新文化。

（本文刊載於今周刊第 956 期）

2 比基尼的創意故事

夏天的海灘處處可見「風情萬種」的比基尼，但比基尼產品是怎麼發明的？它和政府政策有關嗎？和戰爭有關嗎？和品牌名稱有關嗎？和原子彈有關嗎？比基尼出現之後是否馬上被社會大眾接受而刺激消費市場呢？

一九四三年第二次世界大戰期間，美國政府的一項宣布活化了女性的期許，喚醒了男性的渴望，當然也激發了服裝設計師的創意和擴大了服飾市場，進而成就了比基尼的創意故事和一位創業家。

因戰爭的關係，為了節省布料，美國政府宣布要求女性泳裝必須減少使用原來尺寸布料的百分之十，當時的女性泳衣是上下連身型，褲腳或裙襬長度甚至達到膝蓋以下，許多人開始在節省布料的合法要求之下，構思可以展露女性美好身材、又能一炮而紅並為社會大眾接受的泳衣設計。

提起服裝設計，第一個想到的是法國，尤其是巴黎，果然法國坎城的設計師海姆（Jacques Heim），以及和巴黎協助女用內衣設計師母親工作的工程師雷德（Louis Reard）分別設計出二片式的比基尼原型，即是上有胸衣下有前後兩片倒三角型的布塊，裸腰露臍，如此一來大約省去三〇％的布料，海姆和雷德的設計非常類似且同具爆發力，然而成功進入市場且留名的，卻是後來居上的雷德，主要的原因之一是和命名有關，其次為雷德是位懂得作秀和行銷的企業家。

一九四六年美國在南太平洋比基尼環礁（Bikini Atoll）小島上試爆原子彈的消息震驚世界，兩位設計師同時聯想到這爆炸性泳衣的推出必須和原子彈爆炸相關，海姆取名原子彈（atome，法文），雷德則以原子彈試爆小島的第一個字 Bikini 作爲產品名稱。以原子彈做爲產品的命名太直接，給人的聯想也沒那麼正面，Bikini 的名字則提供認知空間，聲音讀起來有節奏感，較容易記憶，甚至有浪漫的感覺。當雷德決定公開服裝秀展示他設計的泳衣時，別以爲開放的巴黎模特兒會爭先恐後地參與走秀，事與願違，雷德只好邀請一名脫衣舞孃擔任產品代言人，結果眞的像是原子彈爆炸一般，展示後收到五萬封大部分是男性寫來的讚美信。

一九五八年《上帝創造女人》（*Et Dieu... créa la femme*）這部電影中，性感小貓碧姬芭杜（Brigitte Bardot）大方自信地穿上比基尼，從此活化歐洲女性穿著比基尼的期許，而美國卻在六一年才眞正流行起來。一九六〇年，才十七歲的歌手海蘭德（Brian Hyland）的金曲〈Itsy Bitsy Teenie Weenie Yellow Polka Dot Bikini〉登上排行榜第一名，演唱時，他要和音天使穿上歌名「那小小小黃色圓點花樣的比基尼」上台，這些和音歌手如歌詞中的描述半推半就才站上台，可是這首歌、這個演唱的整個事件包裝，卻掀起女性狂買比基尼的歡樂。

比基尼的創意發想及其實踐歷程，與社會的接受原委之故事，可以啓發臺灣推動文化創意產業的思考。

（本文刊載於今周刊第 451 期）

3 企業參與教育創新

從總統、媒體到民衆都以林書豪爲榮的同時，我們應該反躬內省，第一個內省的問題是：「臺灣的教育需要如何創新，才可以讓更多的林書豪不被埋沒，不必移民美國也可以發光發亮？」

林書豪的運動才華屬於特殊教育中的資優人才。多數兒童雖不是資優生，卻擁有權利發展其各自擅長的智能，因此必須內省的另一個問題便是：「正式體制需要如何創新以徹底實踐有教無類、人盡其才的教育本質？」

許多國家都努力地在正式教育中持續創新，臺灣也不例外。例如，增加因應時代的系所或學程、延長國民教育年限、多元入學、科技融入教學、教師進修等等。可惜這些創新未能達到有教無類、人盡其才的目的。

何況正式教育再怎麼持續創新，總還是很難滿足社會和企業的人才需求。一些先進國家的企業於是從先前的質疑轉而投入公共教育。以英國爲例，社會企業家結合政府預算、企業和教師的熱情、才能和資源，共創以十四到十九歲的青少年爲對象的學徒制工作坊學校（studio school）。學生從實務中學習職場所需的技能，以及有效應變迅速改變的創造力和復原力等等。

企業是必要的夥伴，學生除了校內老師的教學外，也在夥伴企業的良師益友輔導下，一對一聚會、團隊和實作學習。最先以兩所學校作爲雛形進行測試，成功之後政府更積極推動這項計畫，就連首相都不得不公開讚賞。

美國企業界也努力實踐另類學校的教育創新，比爾．蓋茲在教育改革上的投資眾所周知，而成功經營公辦民營學校，發揮人盡其才、有教無類的教育目標，首推「知識就是力量計畫」（Knowledge Is Power Program, KIPP）。

兩位年輕人分別在休士頓和紐約創辦公辦民營學校，這兩個雛形的成功，感染了服飾業 GAP 創辦人費雪（Donald Fisher）的熱情，他認爲這樣的成功模式必須普及，因此爲 KIPP 成立基金會，並且說服一位教育管理的傑出人才擔任基金會的執行長，有效籌募並管理基金。開辦新校需要建構校園和添購設備；超時工作的良師必須擁有額外的薪資；有意創辦新校的老師也必須在一年內專職接受完整的創新管理訓練。這就是爲什麼 KIPP 會成爲歐巴馬口中的教育創新典範。

執行長在任六年已募得一億九千萬美元的長期贊助，其中還包括聯邦政府承諾的七千五百萬美元。

臺灣即將實施十二年國教，我認為產、官、學、教、研可以合作推動創新的教育模式，讓許多生在臺灣、長在臺灣的「林書豪」可以發揮資優才能，進一步讓所有兒童、青少年學其所愛、愛其所學，而實踐有教無類，人盡其才、因材施教的信念。

（本文刊載於今周刊第 794 期）

4 「買一送一」的共善

尾牙、春節，以及各請客場合，我相信不少人會邊吃邊說「菜太多！」「吃好飽！」「管他的，明天再減肥吧！」在尾牙和春節的宴席上這樣說我可以理解，但平時在飯店請客也如此，的確令人遺憾。我常想，如果餐廳照樣賺錢，而請客的人滿足食欲以外也做些善事，買一桌菜省兩道菜或折現送給需要的人，應該是皆大歡喜才對。

小時候在貧窮的鄉下，沒有婚喪喜慶，爲人媳婦的不敢隨意使用昂貴的味精，所以每當家裡有大餐時，母親都會將新鮮的蔬菜和剩菜一起熬煮，再由我分送給鄰居。這種分享行爲常在腦海裡盤轉。念初三時，我曾設法說服村裡的一個窮人家庭，讓他們已考上蘭陽女中的女兒去註冊上學，但最後我的努力還是白費了。念高中時，深感有些富有人家苦口婆心強逼不愛讀書的兒女補習，那時我居然希望以後能辦一所「買一送一」的學校，家有拒絕讀書的兒女之有錢父母，可以預付兩份學雜費，一份給自己的孩子，一份給上進的貧民子弟，我期許在這樣的學習文化中，貧富的異質學生能夠一起成長。**心理學和組織行為的研究一再發現，因文化、經濟、種族、性別和專長等異質或多元團隊，有助創造力的表現。**

幾年前，一名政大博士生到哈佛大學短期訪問一年，他兩個讀小學的孩子進入當地一家公立學校就讀，家長的背景從教授、企業家到新移民和勞動者，所有學生在校內的午餐都用儲值卡付錢。不管學生家長的社經地位，每位同學都擁有同額的儲值卡。原來那些付得起的家長，大方地實踐了類似「買一送一」的概念。

美國知名布鞋名牌 Toms「賣一捐一」的經營模式，就是每賣一雙鞋就捐一雙鞋給窮人。到現在爲止已有七十幾個國家、超過兩百萬名兒童受益，這些兒童眞的受益嗎？

舊金山大學的經濟學教授威迪克（Bruce Wydick）的研究團隊，接受 Toms 的委託進行田野研究。在隨機分組的實驗中，共有一五七八名兒童得到捐助，相較於那些沒有獲得鞋子的控制組，雖然在健康和自尊方面並無差異，但花比較多的時間從事戶外活動，而且男生的上課出席率也比較高，肯定了這項社會創新。

哈佛大學企業管理教授阿瑪貝利（T. Amabile）等人研究設計思考發源地的 IDEO，花了兩年的時間觀察、訪談和調查，發現互助已成爲該公司的常模，互助行爲並不是天上掉下來，是需要培育的。在知識工作的時代，互助顯得更爲重要，因爲在面對創新且複雜的工作計畫時，他們必須發揮創造力，才能獲得正向的成果。**表面的行禮如儀的合作和分享，很難發揮團隊的創意和組織的創新，真心熱情的互助合作才是重要的法寶。買一送一的共善就是互惠互助的關係行為。**

（本文刊載於今周刊第 996 期）

5 皮克斯的創新培育

人才與創新的重要性，一直是產官學研各界領袖前呼後應的議題，這兩個議題在最近又變得更夯。

面對臺灣人才被中國與新加坡等地挖角的現象，二〇一二年經濟部長施顏祥在十二月五日表示，我們的人才流出比流入多，再度提醒人才短缺的問題。

同一天，因應十二月中旬第九屆全國科技會議所舉辦的科技轉型座談會，宏碁集團創辦人施振榮呼籲，臺灣產業發展應回到以人爲本，才能發展出臺灣特色的自主創新；國科會主委朱敬一則希望讓創新形成全民運動。

以人爲本，至少應該包括創意人才的培育、臺灣人的在地特色，以及對使用者的同理心。就人才培育方面來說，當時的中研院院長翁啓惠邀集海內外多位產學界重量級人士，希望年底前針對人才培育等方向，向政府提出政策白皮書。教育部也成立由中研院院士曾志朗、劉兆漢以及施振榮領軍的「人才培育計畫專案」，預計一三年五月底前完成「行動專案」。

政大在十二月一、二日的「二〇一二創新研究國際學術研討會」也就「創新人才的培育」議題，邀請臺灣、美國、芬蘭、澳洲等各國學者，從公共行政、未來想像、腦神經科學和服務創新等不同專業，進行跨領域對話，試圖提出可行方案。

再就創新方面來說，早在〇三年，經濟部工業局就委託中國生產力中心承辦全民創新運動。這個運動主要藉由各種媒體共同製播推廣節目，以達全民創新知識擴散及創新意識推廣。

過去人才培育和創新運動的實施，基本上還是由上而下、權威主導，缺乏以人爲本的同理心。今後，如果人才培育白皮書的政策及行動專案和創新運動的目標眞要落地生根、開花結果，也許可以借鏡皮克斯的人才培育及其創新生產的策略。

皮克斯創新的影片叫好又叫座，他們成功的第一個信念，就是堅持好人才比好觀念更重要，領導人則必須創意領導。

第二個信念，是形塑互相支援、信任的同儕文化，領導人必須扮演互相尊重和信任的楷模。

在創意和創新的合作歷程中，團隊成員是夥伴關係，進行創意活潑的正向對話，沒有面子問題，沒有官僚氣息，沒有人是權威的，最後的選擇還是由創意領導人決定。事後也必會適時自我反思，保持優勢。

在整個發想和實踐的運作過程，他們謹守三個原則，第一個原則，是人人都有自由與任何人溝通；第二，是人人都可以安心地提出自己的想法；第三，是與學術社群的創新保持親密關係。

希望我們在推動人才培育和創新運動時能夠換個信念、換個腦袋、換個典範。

（本文刊載於今周刊第 834 期）

6 信任感帶來創新

在上政大 EMBA、MBA、科智所，以及來自大約二十五個國家的 IMBA 有關「領導與團隊」的課程中，我通常都會依不同對象和教學節奏，融入不同的信任感活動，包括多數人熟悉的「向後倒」；誘發團隊成員群策群力，讓領導人高枕無憂的「圓圈中建立信任感」；領導人與被領導者間，保持有點黏又不太黏的「跟我來」；體貼缺乏安全感需要安撫的同事之「搖籃中建立信任感」等等的演練。

今天的團隊、企業、政府或國際間，所要解決的問題和處理的危機比以前棘手，更何況，現在的資訊、知識越來越多元，以互信為基礎的跨領域或跨界合作也勢在必行，但如何形塑可以放心分享合作的互助文化呢？

以創新聞名的 IDEO 公司，就是互信互助文化的典範。哈佛大學商學院教授阿瑪貝利（T. Amabile），在研究 IDEO 的互助文化時，發現每個人同時扮演助人者和求助者的角色。有些人更被同事選為助人楷模。他們的信任度和容易接觸度，才是關鍵條件。

皮克斯則是另一個互助文化促進創意的典範，卡特莫爾（Ed. Catmull）總裁在其《創意電力公司》（*Creativity, Inc.*）中描述，《玩具總動員》（*Toys*）製作完成後，他們整理出「故事至上」和「信任過程」兩個創意原則。皮克斯在信任過程的原則下，放手讓藝術家發揮才情、授權導演自主共創，並信任同事解決問題的能力。他們也建立了「Yes, And」的贊同文化，以防止習慣說不，而讓組織喪失活力。

有人擔心，信任會不會太過冒險，史丹佛大學商學院組織行為講座教授克瑞默（R. M. Kramer）認為，從物種的層面來看，只要值得信任的人多於不值得人任的人，這樣的冒險是無傷大雅的。但就個人來說，這個問題的確需要深思。為了維繫個人的生存，我們必須學習如何表現明智有感情的信任，他稱為「調節得宜的信任」（tempered trust）。調節得宜的信任得之不易，但是可以培育的，這也就是我為什麼在上「領導與團隊」的課程和主持像「蘭陵劇坊」的工作坊中，總會包含「信任感訓練活動」的原因。

簡而言之，克瑞默教授說人類打從娘始出來就是社會性的動物：互相關懷和同理都是我們的天性，也是信任的核心本質。

神經經濟學家查克（Paul J. Zak）研究發現，認為人腦釋放催產素（oxytocin），意味對方在身邊很「安全」、值得信任，可以放膽合作。我們時時都會相信別人，但不同國家的程度不同，挪威高達六五%，美國三六%，英國則是四四%，而信任比和創新、經濟具有正向關係。

因而很多人擔憂英國脫歐後，會降低對異質文化和不同國籍創意人才的信任程度，而影響其創新和繁榮。信任既然如此重要，我於是希望年輕領導人能從體驗學習中，頓悟信任的重要性。

（本文刊載於今周刊第1021期）

7 創造力是性感的

創造力是個人和城市吸引人，且被認爲是性感有魅力的重要特質。

以城市爲例，二〇〇四年德國柏林市長沃維雷特（Klaus Wowereit），在電視訪談中脫口而出「柏林貧窮但性感」的驚人之語後，在他執政的十三年中果然吸引國內外藝術家、作家、音樂家、設計和科技人才等移居柏林工作、生活、娛樂和學習，促進新創事業和觀光產業的蓬勃發展。二〇一三年，光是過夜的觀光客就高達二千五百萬人，整座城市性感依舊，但貧窮不再。

但個人呢？美國德州大學心理學教授巴斯（David Buss）以三十三個國家和五個島嶼中三十七種不同文化的一〇〇四七人做研究，發現大部分人在選擇伴侶時，都喜歡對方擁有創造力的特質。演化心理學家米勒（Geoffrey Miller）認為人類的創意展現有如孔雀開屏一樣，是吸引伴侶的象徵，隱含康健活力、生生不息的能量。但是人類創意的展現種類衆多，各有其吸引的對象，也就是所謂的「情人眼裡出西施」。

賓州大學心理學教授卡夫曼（Scott Kaufman）和他的同事，二〇一四年發表的一篇學術論文之題目竟然是「誰會覺得比爾．蓋茲性感？」研究中，他們列舉四十三種創意行爲的檢核表，調查八一五名年輕男女求偶偏好的特質，結果發現被認爲較性感的創意行爲，是可以激起強烈情感的裝飾或美感類別，如運動、音樂、美術、幽默等，屬於應用和科技創意的類別則較不受青睞。

裝飾和美感的創意行爲展現不是藝術家的專利，一般人也會在求愛、約會時裝扮傳情。富豪和高官雖然可以其地位吸引對方，但眞正能激起眞實情感的反應，則是美感的創意展現，如帶中意的女孩兜風，欣賞令她驚豔的美景，或談琴說藝、急中生智令她感動回憶。

科學家、科技人或工程師的專業發明和創新，雖然對外行人有點對牛彈琴，但卻可以像賈伯斯對鮑伯·狄倫的詩和音樂之眞情流露一樣，展現其個人的裝飾或美感創意，更可以其科技、工程或應用藝術的創意，激起同行的共鳴和賞識。

性感不性感，總會有個別差異。卡夫曼等人的研究發現，認知好奇心和科學的創意成就較高的人，覺得應用和科技創意特別性感。願意開放經驗的人，則比較喜歡投入在感官、美感、幻想、情緒方面的資訊，且也偏好裝飾和美感的創意展現。這些發現可以提供公私機構在爲科技界舉辦單身聯誼或婚姻介紹時的參考。

性感城市和魅力人物眞的要靠創造力。

（本文刊載於今周刊第 943 期）

8 「創新長」一腳跨進政府

政大創新與創造力中心劉吉軒主任在二〇一六年利用 Google Ngram Viewer 的字詞出現頻率統計工具，觀察從一九〇〇到二〇〇八年間，「創意」「創造」「創新」和「創業」四個相關概念被使用的相對差異，發現二〇〇〇年以前「創造」以五到十倍以上的頻率遙遙領先。

「創新」的使用卻在一九九〇年左右開始大幅攀升，到二〇〇〇年初期超越了「創造」，到〇八年已經領先「創造」達到一．五倍。反映了「創新」正是當前社會密集關注的議題，其重要性開始被廣泛認知。

這幾年，討論中國從模仿到創新的書籍和文章也是屢見不鮮，就連二〇一五年的世界經濟論壇，中國的創新也成爲焦點。習近平和李克強在重要會議中甚至考察地方時的發言，幾乎都繞著創新的主題。

回頭看臺灣，國發會正在推動「打造國際創新創業園區計畫」；經濟部爲了呼應「創新強國」的國家發展願景，已於一四年舉辦了第一屆「總統創新獎」；教育部也宣布一五年爲「教育創新行動年」。

歐美許多國家的產、官、學、教各界更爲了宣示創新的重要性而紛紛成立創新中心、辦公室和設立「創新長」（Chief Innovation Officer）的職位。有些創新長是從資訊長或科技長轉型而來，有些則是新創的角色。美國從杜邦（DuPont）、可口可樂（Coca-Cola）等大公司到中小型企業相繼設立創新長的角色，創新長們就這樣形成一個龐大的社群。

最有趣的是各級政府和學校的創新長；有些國家已將創新列入部會名稱，例如紐西蘭和愛爾蘭雖然使用的字眼不一，但都會有「商企」「創新」和「工作」三個元素的部會，美國聯邦政府的勞動部則直接雇用創新長。美國的市政府、公立學區爲了因應科技、社會媒體和社會發展趨勢，也爲了避免公家機構走向不創新就退場或被罵無能的死胡同，而借用企業的觀念引進創新專長的主管。

從加州的河邊市到密蘇里州的勘薩斯等城市，職位名稱相同但工作的性質卻不完全相同，舊金山市政府創新長的關鍵任務，是在推動決策透明化和開放資料的創新運作。在教育方面，從芝加哥的教育行政到德州大學系統也都招募了創新長。

蘋果的執行長庫克（Tim Cook）認爲許多公司設立創新部門，是公司出現問題的信號。其實，全世界的產官學研各界的確需要在創新或被淘汰之間作出抉擇。根據 IBM 的報告，不是所有政府的創新辦公室和創新長都如願完成任務，但卻有不少的成功案例值得擴散，成功或失敗的案例都值得參考。

（本文刊載於今周刊第947~948期）

9 玩的力量

在Google上打上「玩」「玩家」或「玩出」等跟玩有關的關鍵字，你會發現，玩似乎已成了顯學。這種現象與強調「勤有功，嬉無益」的華人社會似乎有些矛盾；因為華人向來負面看「玩」，像是「玩世不恭」「玩物喪志」「玩歲愒日」。

可是自從MIT媒體實驗室的許瑞吉（Michael Schrage）教授要企業界「認眞玩創新」之後，許多重視創新的公司更認眞地透過模式、原型、模擬等策略玩起來，希望能夠玩出創意、玩出創新。這樣的玩法畢竟是直指工作上「ON學」，日本的大前研一更進一步提倡下班後的「OFF學」，他認為會玩才會成功。而在ON與OFF之間如何拿捏得宜，便是挑戰極高的智慧。

吉爾森（L. L. Gilson）和雪莉（C. E. Shalley）於二〇〇四年以一家英國跨國公司十一個團隊一一四人為對象，所做的研究也顯示，創造力表現佳的團隊其成員除了具有共享目標、重視參與問題的解決，與擁有支持創意的氛圍以外，他們會花較多的時間與其他成員結合工作與玩的互動。

更有趣的是，史丹佛大學工學院在二〇〇四年為校友舉辦的一年一度工程日，就是以「玩的力量」（The Power of Play）為主題，進行一整天的活動。會議議程上的引言是這樣寫的：「童年我們玩中學習，長大成人之後呢，我們當中到底有多少人已經不再為可以促進眞正的創新與創造力之發現、新觀念和創造能量而興奮。」

他們以其天時地利人和之便，由該校教授，也是IDEO創辦人凱利（David Kelley）設計整天的活動，並負責邀請把研究寫成暢銷書，如《11½逆向管理：看起來怪，但非常管用》（*Weird Ideas that work*，中譯本大塊文化出版）和《認眞玩創新》（*Serious Play*）的學者現身說法。爲了增進吸引力，還邀請IDEO公司的創意人讓與會者親自體驗「創新者的挑戰」，連早餐和午餐都能結合玩興或玩。

演講者之一的布朗（Stuart Brown）年輕時以精神科醫師的身分，參與研究一個殺死妻子、母親後又連續射殺十六人，並且殺傷三十一人的年輕人生命故事研究後，非常感慨地發現「高度暴力反社會的男人中，終其一生幾乎沒有正常玩的行爲」。因此一體悟與體知而創辦National Institute for Play，將一生奉獻給玩的力量。

我們要玩，但必須認眞有紀律地玩出健康，玩出幽默，玩出創新，甚至玩出深度的情誼。

最近幾年臺灣的大學院校，開始以「多媒體、設計、數位、玩具、遊戲」等等爲名，創設讓師生可以「合情、合理、合法」地發揮玩的力量之系所；教育部的創造力教育計畫，也鼓勵大學院校將「認眞玩創新」的精神和實踐融入教學中，特別於二〇〇六年徵求「創意學院」的設置承諾。在申請截止日的前天，只有一所大學申請，沒想到在申請截止的最後幾分鐘，總共收到六十八所大學的計畫書。看樣子，培養創意人才的高等教育界守門人已經體知「玩的力量」，在想像臺灣未來的今天，應該是可以發揮的。

（本文刊載於今周刊第496期）

10 破壞性教育創新

《時代》雜誌二〇一二年世界百位最有影響力的人當中，孟加拉後裔的美國人三十五歲的可汗（Salman Khan）排名第四，比爾．蓋茲還特別爲文推薦。

在波士頓工作的可汗，透過遠距輔導幫助遠在紐奧良的表妹度過數學難關，表妹的成績因此大爲進步；親友求他把教材錄影上網，他就把上課內容放上YouTube。

這些教學影片引起蓋茲的注意，他的孩子上了這些單元之後，學習動機和效果都很好。蓋茲於是結合了教育創新的推動和子女快樂學習的雙重動機，在衆富雲集的場合介紹這所可汗學院（Khan Academy），主動提供資金支持，接著Google公益基金也跟進，立即吸引更多學子。

截至二〇一二年，可汗學院已經製作了三三〇〇支教學影片，內容包括數學、科學、電腦、財務與經濟學、人文等等。蓋茲在推薦文中說：「可汗學院提供每一個小孩免費的世界級教育機會。」這些教學影片使用次數已超過一億八千多萬次；每個月大約有三五〇萬的使用者。

可汗學院是典型的非正式教育的破壞性創新，應用以網路特色為基礎並回歸學習本質，創造和倡導簡易、便利、可親可近和人人負擔得起的產品或服務，取代了過去複雜昂貴不易接觸的教育模式。

許多名校也陸續合作進行高等教育的破壞性創新，麻省理工學院率先啓動開放課程，最近也和哈佛、加州柏克萊等校合作成立 edX 大學，提供免費學習的非正式高教網路，讓任何人在任何時間、任何地方都可以根據自己的興趣，時空的方便性和學習風格選讀。史丹佛大學教授創辦，而由創投公司投資的 Coursera 已經和普林斯頓、維吉尼亞等大學合作在網路開設免費課程。註冊上課的大學生已經超過一百萬人，這些學生來自一九六個國家，其中四％來自中國。

破壞性創新的教育也可以是正式教育的另類學校，人民大學（University of the People）就是利用破壞性創新原則成爲另類的正式教育，讓學生可以免費入學，成爲網路大學正式的學位學生。

多年來，我們也有不少的教育創新，但絕大多數都是正式教育體制中的改善措施。這種永續的教育創新仍然脫離不了紙筆測驗、分數導向、文憑學歷的考量。

曾擔任文建會主委、教育部長、師大校長的郭爲藩，在第八屆全國教育會議的主題演講中，建議「引進臺灣傲人的民間活力及企業競爭力，到公立學校系統或教育行政運作體制中」，試驗美英等國實施有成的公辦民營學校，即正式教育的破壞性創新，他甚至認爲，當臺灣的教育經營企業「表現出應有的活力與績效時」「進軍境外地區應視爲長程的願景」。

事不宜遲，教育部和企業界應該考慮他的建議。

（本文刊載於今周刊第 822 期）

11 T型人物重現創新江湖

韓國的高科技公司以創造如蘋果公司的iPod或摩托羅拉（Motorola）的RAZR等超級暢銷產品爲目標，可是，爲什麼在高科技上表現卓越的韓國公司，無法創造出這樣的產品呢？

今年年初LG經濟研究所對外宣布，他們已經找到答案，因爲韓國的公司只進用「I」型人物，而忽略了「T」型人物。一直以來，韓國高科技產品的創新是由I型的工程師負責。

這些I型人物在專長上表現卓越，所創造的產品在品質及其銷售上也都頗有成績，眼光卻明顯不夠寬廣，對市場趨勢與消費者都不夠了解，對其他領域也缺乏同理心；他們進一步認爲，韓國的公司必須改變其徵才政策，積極進用更多的T型人物。

一個組織中擁有T型人物不僅績效好，完成專案的速度也快。T型人物是個人在過去的正式和非正式就學過程和工作經驗累積中，「結合深刻的學理和實務經驗，由於他們可用兩種或兩種以上的專業語言，同時又能以不同觀點看事情，因此成爲整合各類知識的寶貴人才」。在創意產業的時代，許多問題都需要橫跨不同專業知識或需要理論和實務的綜合運用才能獲得解決，T型人物自然而然地變成物以稀爲貴的人才了。

什麼是T型人物，顧名思義，所謂「T」是在垂直的「I」上加了一個平行的「I」。垂直的I

代表對某一門學問或學門專精深化的程度；橫線的一則代表該項專精知識理論之應用，或者對於與專精知識互動的另外領域，擁有足夠但未必專精的知識。

以創新著名的IDEO公司CEO凱利在二〇〇五年出版的《決定未來的10種人》（*The Ten Faces of Innovation*，中譯本大塊出版）一書中，讓T型人物重現創新江湖。

凱利認爲T型人物除了必須對某個特殊領域具深度興趣或專家知識，也必須同時具備多元跨領域知識，對其他領域具備應有的知識或同理心。工程師不跟他人溝通，設計專家以爲他們的作品只要具有美感就好，這樣的人將因不能與他人合作而損傷了改變世界的能力。他同時也強調，有些人似乎只擁有橫型的I，也就是擁有泛泛的多元領域知識或同理心，卻沒有一項特殊專長，也是一件令人遺憾而且危險的事。

因應T型人物的需求，美國許多大學紛紛成立「軟硬兼施」的跨領域中心，史丹佛大學陸續成立的Media X、Bio X以及創造力與藝術中心等等，便是最好的例子，許多大學也紛紛成立跨領域的學位，以培養T型人才，北京清華大學更直截了當推動「一專多能」的T型人才之培育工作。

臺灣也需要急起直追，進用並培養T型人才。

（本文刊載於今周刊第533期）

12 產品創意的「利社會」動機

「起雲劑」原本是一種合法添加物，業界爲了降低成本以及增加產品穩定性等原因，而加入塑化劑，這也是一個新奇的觀念。

問題是，要構成心理學所界定的創意，除了新奇以外，還要考慮到有用性。所謂有用性，是指對使用者有用或有意義，最起碼不應該對他們造成傷害。

發現加入塑化劑可以減少成本和延長產品穩定性的人，一定非常興奮，這個興奮是來自他們發想創意的內在動機。可是不管是這些研發人員或業者，在實際使用添加物時，必然要考慮到使用者的健康。

可惜從創意發想、創新執行到上架銷售的過程中，對使用者的有用性把關未成，一直到了衛生署的楊技正心中有使用者的創意發現，才讓社會驚覺事態的嚴重性。

能夠考慮使用者的有用性和意義度之動機，心理學家稱之為「利社會動機」，例如，相信透過工作可以幫助別人，或對別人有正面影響。但光是有利社會動機是不夠的，還必須透過同理心的「觀點取替」化為行動；例如，真正站在使用者的角度去思考他們的觀點，確定對他們有益而無害。

賓州大學華頓商學院格蘭特（A. Grant）教授和同事認爲，當員工受其內在動機驅使時，他們會聚焦於新奇觀念的產生，但是爲了完成眞正的創意，這些員工必須進一步考慮到產品的實用性和意義度。

研究者首先以九十位安全官員以及一名水利局的工作人員爲對象，進行兩個相關研究，來驗證他們的假設；最後則以一百名大學生爲對象，透過實驗的方法進一步考驗相關研究的效度。

實驗中，讓大學生選擇他們喜歡的音樂項目，以增加他們的內在動機，再告知一部分已選擇喜歡的音樂項目之學生，因額滿必須被分派去做其他不喜歡的活動，因而降低他們的內在動機。

研究者進一步操作他們「利社會動機」的情境，高低兩組都被要求去幫一個銷售量驟減的地方樂團想出新的觀念，以增進他們的 CD 銷售。

高度利社會動機這組，要幫助這個已經無法維持家庭基本開銷之樂團，度過四個月的難關，以完成新創作和新 CD 好讓樂團起死回生。

低度利社會動機這組所接受到的訊息則是，這個樂團成員在本業上都很成功，樂團只是工作之餘的嗜好，他們只想要尋求其他能夠讓他們的音樂更受歡迎的方法，結果發現，利社會動機的確增強了內在動機對創造力的影響。

這幾年，臺灣一直在強調社會責任和創意的重要性，政府、各級教育、社會、企業已經不能不重視社會動機及其觀點取替的素養與行動。創意的產品除了新奇之外，也必須具備有用性與意義度。

（本文刊載於今周刊第 757 期）

13 用同理心創新

天災人禍頻頻發生的世界，越來越需要同理心。不錯，發生天災人禍時，有人漠不關心、有人袖手旁觀，也有人幸災樂禍，甚至趁火打劫。幸運的是，更多人發揮同理心。

從小我們都會學習人飢己飢、人溺己溺、將心比心、感同身受、同情關懷、惻隱之心，及人同此心、心同此理的待人處世原則，這些原則都是同理心。

從臺灣的九二一震災和八八水災，到日本東北的大地震，我們看到臺灣的許多個人和團體包括消防隊員、演藝人員、家庭主婦、學生、企業人、紅十字會等都將心比心，有錢出錢有力出力，凸顯社會的光明面。

天災是人力無法掌控的，人禍卻是可以避免的，從北非的突尼西亞到埃及到利比亞的茉莉花革命，都是因爲獨裁者缺乏對人民的同理心。缺乏同理心也會發生在日常生活中，例如學校的霸凌事件、親人虐待兒童等等。

那麼心理學家如何界定同理心？在和別人建立並發展關係中，同理心是不可或缺的基本態度與技巧。有效地運用，可以幫助對方澄清問題、發現問題、設立目標、發展策略、擬定計畫等等。

基本的同理心，是能夠爲別人設身處地、感同身受，並且將我們對對方的感同身受和了解對方的觀點傳遞給他，讓他感受和了解我們的「人同此心，心同此理」。

但溝通我們的同理心，並不是等於我們同意對方的觀點。

同理心至少包含下列兩個因素：第一，觀點取替：願意了解或接納他人不同觀點的傾向。第二，同情關懷：同情他人不幸、關懷他人困難的傾向。同理心的了解與溝通，必須強調關鍵的經驗、行爲、感受和情緒，甚至決策的訊息。我們不僅在面對天災人禍時或平常的人際關係中需要發揮同理心，在促進創造力、領導、設計、計畫時也都需要同理心。

近幾年來，設計思考之所以成爲創意教學、產品設計、社會創新的顯學，就是重視使用者的角度，也就是設計思考的第一個步驟，是在發揮同理心。

透過訪談或其他有效的方法，站在使用者的立場發現或界定問題，創意發想、創新實踐，然後再回到使用者的身上，讓他們親自試用、體驗、回饋、修正，直至達到真正的同理心境界。這是來自使用者回歸使用者的「人同此心，心同此理」之歷程。

二〇〇七年丹麥七大公司共同籌辦一百八十度學院（180° Academy），倡導使用者啓動的創新教學模式，也是從同理心開始。賓州大學華頓商學院的教授格蘭特和北卡大學組織行爲博士生貝瑞（J. Berry）所做的一系列研究發現，能夠採取使用者的觀點之同理心，創意發想者和設計者所想的觀念比較有創意，不僅新奇，也相對實用。

（本文刊載於今周刊第745期）

14 政府如何領導創新？

經濟成長需要創新、教育改革需要創新、科技研發需要創新，人文發展也需要創新，二〇〇九年可以說是創新更顯重要的一年。

歐盟已經訂定〇九年為歐洲創造力與創新年，叫響「想像、創造、創新」的口號。他們相信創造力和創新是每個人與生俱來的本質，這項運動的起點是在提升歐洲人民對創造力與創新重要性的知覺，了解創造力與創意是個人、社會和經濟發展的關鍵能耐，最後希望在各個活動的發想與實踐中可以採取創意與創新的角度，好讓歐盟接受未來全球化的挑戰。

在訂定創造力與創新年的同時，歐洲許多國家也陸續在政府各個層次凸顯創新的重要性並付諸行動。

芬蘭政府從〇九年開始將三個以赫爾辛基為名的科技大學、經濟學院，以及藝術與設計大學整合統稱為「創新大學」；英國布朗（Gordon Brown）首相就任後，也另外成立「創新、大學與技能部」，整併教育技能部的進修與高等教育業務，以及貿易與產業部的科學與創新任務；瑞典政府過去是以產業、通訊和就業部以及教育和文化部負責創新政策，到〇一年則為了強調經濟成長和研究的政策之間的協調，成立了瑞典國家創新系統局。

歐巴馬在〇九年一月二十日就職之前已收到來自各方有關創新的建議，布魯金斯研究院建議歐巴馬成立類似國科會的國家創新基金會，全力支持企業以及各種組織的創新活動，以重掌世界的創新領導地位，他們認爲在競爭越來越激烈的未來，沒有任何企業體可以單獨掌控新的科技、產品或商業模式，更何況聯邦政府並無創新政策。

加州大學教授勃拉克（F. Block）與克拉（M. Kelley）則建議歐巴馬兩年內成立內閣層次的創新部會，他們認爲在經濟危機時，此舉可提升聯邦政府在創新上所做的努力，並改進各種努力之間的協調，兼收刺激經濟和鼓勵創新之效果。

被譽爲思想領袖的萊斯格（L. Lessig）教授認爲，已有七十四年歷史的聯邦通訊委員會已經不合時宜，它應該讓創新造福人群，而結果卻可能阻礙了創新。他建議歐巴馬必須要求國會成立新的創新環境保護機構取而代之。其任務非常簡單：「最少的干預，促進最大的創新」，核心目的是在保護創新免於落入兩個歷史上創新敵人之手：「過度的政府偏袒與過度的私人壟斷」。

強調創新之重要性的聲音和努力在臺灣時時可聞、處處可見，中央政府也許不必成立創新部會，**但如何建構統合機制讓創造力和創新的政策及其實踐可以發揮最大效益，成立國家創新基金會和歐盟的做法都可列入參考。**

（本文刊載於今周刊第630期）

15 形塑我們的創意城市

創意城市已經不是口頭禪，而是勢在必行的政策、規畫和實踐。

亞太文化創意產業協會二〇〇八年參與廈門文化創意博覽會，大陸不少城市的主管參觀臺灣文化創意的表現之後，紛紛邀請陳理事長立恆合作進行創意城市的建設。大陸正在努力地形塑他們的創意城市。

〇九年九月，橫濱市就以「創造力推動城市」爲主題，舉辦創意城市國際論壇，市長希望每位公民都要變得有創意，透過城市居民創意與智慧形塑城市豐富的獨特風格，產生情感連結，且激發自尊。正好驗證人文地理學者克瑞斯威爾（Tim Cresswell）的觀點，地方不僅是土地、空間、建築，它也是記憶、想像與認同。

城市學者佛羅里達在創意城市的三T（Talent、Technology、Tolerance）之外，增加第四個T：Territory，指的就是「地方」，這個創意城市的地方，必須具備兩種讓大家產生愉悅感受的特色：擁有美好的自然環境，以及大家嚮往的文化活動和創意生活風格。

佛羅里達轉到多倫多大學之後，和多倫多市長聯手推動多倫多創意城市，該市在二〇〇八年撰寫了「創意城市規畫架構」，他們認爲多倫多人才豐富、開放多元、社會基本架構強固、高等教育機構深廣、城市安全，而最重要的是在創意和文化產業方面充滿優勢。

歐盟從一九八五年開始，每年選擇歐洲文化之都的概念也是以整體城市爲建設基礎。

聯合國教科文組織認爲全世界至少有六十個城市自稱爲創意城市，所以從〇四年開始根據七個主題選拔創意城市，這七個主題是工藝與民俗藝術、音樂、電影、文學、設計、媒體藝術和美食，它們的共通條件是：須具備該主題的相關空間與基礎設施的投入、人才的訓練發展須具有該主題的學校或人才培育機構、每年固定舉辦與該主題相關的活動、節慶、展演等等，以及具備與該主題相關的行銷與推廣活動。

例如日本金澤市在二〇〇九年被選爲工藝與民俗藝術的創意城市，理由是：傳統工藝美感和技術與現代科技在創意、創造力與創新的精神下，融合得非常好。該市的財務和基本建設的承諾非常高，目的在增強後代對傳統工藝認識和興趣，他們的努力可作爲其他城市典範。

臺灣處處有創意，但需要特別努力形塑創意城市。

我們可以把臺灣建設爲創意寶島，而各縣市甚至鄉鎮可以發掘一個主題，成爲主題的創意城市。同時在文化創意產業的執行中，一方面將創造力教育列爲基礎建設，從幼稚園一直到研究所都需要延續地培育學生的創造力和創新能力，另一方面也要建立一個互通有無、分享學習並且可以集體行銷的網絡。

（本文刊載於今周刊第675期）

16 有情有趣的創意聚會

二十幾年前，在香港朋友家和一位李老太太聊得很愉快，她說她有四名子女散居美國各地，而一星期中兩次到朋友家打麻將是她最快樂的時光，可以邊打麻將邊聊孩子的成就，或抱怨孩子很少回家探望的遺憾；我問：「當你們家人聚在一起時，大部分在做些什麼活動？」她說：「吃飯聊天、打打麻將嘍！」

那時候，麻將在電腦網路剛出現不久，我就建議她和孩子們透過網路麻將溝通情感；從未覺得電腦與她有緣的李老太太頓時眼睛一亮，她算是富有的，我建議她雇用一名大學生當電腦家庭教師，教她如何使用email與學習網路麻將的操作，不久後，她的生活果然變得豐富有情。如果她今天還活著，應該會是網路麻將《明星三缺一》的高手了。

科技的發展改變了人與人之間的情誼關係與人際互動，高鐵、飛機能夠快速地讓人們相聚，也可以把人們快速地帶往世界各地。因發明「情人杯」而成為媒體報導主角的 MIT 博士生李佳勳，在一個早上醒來時，覺得有點冷又肚子餓，當他啃著麵包時，正好媽媽打電話來，原來這個時候在臺灣的奶奶和爸媽姊弟正在一起圍爐，他由思鄉而激發了「一起吃飯」的發明動機，進而發展出虛擬共飲的情人杯靈感。

一起吃飯聊天已經成為激發許多人創新運用網路特色的動機。同樣的，在全球化之後，許多公司也利用視訊會議進行跨國溝通和工作。

我相信許多研發人員都在構想如何發展超越視訊會議的系統。美國一家科技顧問公司 Accenture 發表的一款稱爲「虛擬家庭晚餐」系統，可以讓家人隨時透過虛擬聚會，實現「天涯若比鄰」的目標，這個系統並不複雜，例如：台北的媽媽正準備享用晚餐，系統會自動探測並提醒她遠在紐約的兒子。母子二人的廚房均安裝攝像機和麥克風，雙方可以互相看到對方的一舉一動，並閒話家常，眞的好像兩人在共進晚餐。

虛擬的聚會再好，也比不上實體的創意聚會，一位家族引以爲傲的朋友告訴我，他每次充滿期待回到臺灣探望年邁的父母，最後總是心疲力竭地逃回美國。每次回台，衆多親戚總希望能邀請他到家裡作客或外出晚餐。

我建議他可以學習猶太人的智慧，找出家族中擅長聯繫和安排聚會的人，找一個景點或家族中有較大空間之處，進行兩天一夜或三天兩夜的旅遊聚會，這樣他就不必疲於奔命，也不用每次聆聽相同事件或重複回答相同問題。

什麼是今年過年有情有趣之創意聚會或網路圍爐呢？

（本文刊載於今周刊第 527 期）

17 玩興與創新

在創造力越來越重要的今天，我們需要發揮玩興進而認眞玩創新。玩是一種行爲，玩興則是一種傾向或特質。

那麼什麼是玩興呢？根據我們在臺灣的研究結果，一個具有玩興的人擁有內在動機而且樂在工作，能夠熱情地與他人分享並且帶動氣氛，天眞浪漫且無拘無束，態度輕鬆且生活充滿樂趣，幽默風趣而能自娛娛人，喜歡冒險嘗鮮和多元的體驗。

有一次蘇東坡和佛印結伴去參觀一座寺廟，見觀音菩薩手持念珠。蘇東坡便問：「觀音也是菩薩，爲什麼也拿念珠呢？」佛印說：「她也學別人拜佛啊！」「拜哪個菩薩？」蘇東坡問。「當然拜觀音菩薩囉。」佛印答。「這可是奇事，她爲什麼要拜自己呢？」蘇東坡調皮地問。「啊！」佛印答：「你是知道的，求人不如求己啊！」

從這個故事，我們看見蘇東坡與佛印之間的玩興、幽默與創意。

愛因斯坦五歲時父親送給他一只羅盤，他非常訝異指針如何不受外力的影響，可以微妙地找出方向，不管他如何旋轉羅盤，指針就是頑固地指向北方。這和他所知道的其他事物不一樣，於是很想拆開羅盤，看看背後到底隱藏了什麼神祕的力量。這就是他認知玩興展現的最佳例子。直到六十七歲，他在回憶童年的羅盤經驗時還感到十分的激動、興奮。

林語堂在《生活的藝術》一書中說：「人類如何發現文明？就是人類有一種玩興的好奇心。」愛因斯坦這種內在動機、樂在思考的認知玩興，是促進他的創意發展和科學發現的動力，他曾說：「在無事時，我會把已經熟知的數學和物理定律反覆推演。如此只是爲了陶醉在思考的樂趣中。」這兩位具有玩興特質的文學家與科學家都在玩興中發揮創意、機智和幽默。

那麼，企業家也需要發揮玩興展現創意嗎？

班尼斯（W. G. Bennis）和湯瑪斯（R. J. Thomas）研究十八位二十一至三十五歲的領導人（奇葩），和二十五位七十歲以上但仍活躍的轉型領導人（怪傑），發現**這些怪傑與奇葩都擁有赤子之心，這個赤子之心就是玩興，玩興讓他們重視創意、展現創意，也從磨練經驗中建構生命的意義，是適應力強的終身學習之實踐者**。

電玩奇葩凱利（G. Keighley）小二時將微波盒改裝成魔術師的桌子，戴上高帽表演魔術，看到小朋友臉上的驚訝與崇拜，讓他感到自己很有力量與衆不同，此事改變了他一生。

臺灣的研究生認爲自己還算具有玩興特質，其中「熱情分享、帶動氣氛」與「內在動機、樂在工作」的特質接近非常符合，而以「幽默風趣、自娛娛人」與「冒險嘗鮮、多元體驗」比較低。以高科技、傳播、教育等各行各業的成人爲對象所做的研究，發現這些職場的員工也認爲自己還算符合玩興的特質。我們也發現臺灣研究生和成人的玩興越高其創新行爲之表現也越強。

（本文刊載於今周刊第500期）

18 江南Style的文化外交創意

臺灣可歌可頌的流行音樂，在全球的舞台上原本可以揮灑的地位，已經被韓國捷足先登。一九八八年的世運會，奠定了韓國主動積極、選擇性地盤點並擴大其文化特色的詮釋，並創新發揮、培養自尊自信，以世界作爲舞台，發展他們的大衆文化。

PSY的「江南Style」風靡全球，看似意外走紅，我們卻可以說，這是從一九九三年金泳三擔任總統之後的第二年設置文化產業局，推行文化產業政策，歷經金大中、盧武鉉、李明博堅持卻又有彈性的政策演變和永續執行的驚爆點，正如政大韓文系主任郭秋雯教授接受《工商時報》訪問時所說的：「韓流經濟主要贏在：政府具前瞻性，策略清楚，執行迅速，重大政策有持續性，以及人民團結愛國。」

前瞻性也包括進軍世界舞台。二〇一一年我有機會訪問SM和JYP經紀公司，以及其他政府和民間的文創機構，他們共同的主張是「發揮人文創新、在地特色、揚名國際」。多數的民間機構認爲政府沒有實質的幫助，實質就是經費支持，但是他們也理解，韓國政府大有爲地塑造韓國成爲世界品牌，就是壯膽的支持。外交通商部和總統府國家品牌委員會適時掌握機會，以正夯的韓流推動國家利益和增強韓國在世界的形象。

在這樣的品牌下，民間的成就更加強了品牌的效應。在訪問 JYP 時，談到 Wonder Girls 的紐約演出沒有預期的成功，爲什麼一定要到紐約，他們的答覆是：「只要在紐約成功，就可以在世界成功。」當我們問五到十八歲在日本長大、曾在東京負責 SM 分部的現任 CEO 金英敏「你最大的成就是什麼？」時，他高興大聲地說：「讓日本人喜歡 K-POP。」

這是非常重要的前提，應用類似設計的思考模式讓世界喜歡韓國。這些年來，各國學者也在研究韓流的現象、前因與後果，包括韓流作爲新文化外交的工具。

從世界各大報章雜誌、電視等專題報導及 YouTube 點閱率來看，它的確達到文化外交的效果，更何況韓籍聯合國祕書長潘基文也適時與 PSY 合跳，並宣稱江南 Style 是推動世界和平的力量。其實在這段時間，許多消息都變成擴散韓國正面形象的效應，例如美國教育測驗服務社臺灣區公布，二〇一二年韓國的多益成績比臺灣和日本都高。

但韓國是不是因爲這樣的成績而付出代價，也引起探討，例如韓國十年來的自殺比率增加一倍，在二〇〇九年 OECD（經濟合作與發展組織）的國家中，數據最高。

一二年十月十八日，英國《金融時報》出現一篇質問「中國爲什麼沒有江南 Style？」的文章，我們也要問：「臺灣爲什麼沒有江南 Style？」

韓國的態度視野、政策願景和執行力，是值得借鏡的。

（本文刊載於今周刊第 830 期）

19 設政府創新獎分享學習

前幾年政府的領導人就已相繼提出臺灣「人才斷層」的嚴重性，如果政府不盡快修改或制訂政策，排除障礙留住和培育人才，臺灣將「競逐失利」，這裡所指的人才，似乎比較偏重科技和學術研究的精英。

這樣的憂心還在延燒的時候，不如預期的奧運表現正好趕上這股憂風。奧運人才也是精英——體育的精英。體委會的領導在歸因時，以輸贏論成就，強調外在動機，表示這些運動員得到政府鑽石般的待遇卻表現不佳。

其實，表現不如預期的運動員，不會只因有無如此待遇而導致輸贏的結果。同樣的，被高薪挖走的人才，也不見得只是被錢挖走，不受官僚作風的束縛，而能夠「做其所愛，愛其所做」，也是留住人才的重要因素。這就像動輒以分數名次論英雄的教育一樣，考試考得不好，通常會歸因於努力不夠等外在因素，卻很少強化學生學習動機和研讀策略的內在因素。

在公平正義的教育環境中，人人都可以發揮所長；國民教育是最基本的盤石，還沒開始就不被看好的十二年國教以及普及化的健康運動等等，都需要政府的創新。在危機時，人民更會期待政府發揮創新的能量解決問題，脫離困境。

歐盟、韓國都是從政府創新的角度進行改革。人才培育不是政府創新的唯一任務，所有能夠強國的創新，各級政府都可以率先負起責任；從文教、體育、經濟、農業到衛生福利等等，各部門都需要啓動。歐盟許多創新的前因、歷程和後果的報告比較透明化，容易取得，也產生擴散效果；有些國家則設置政府創新獎，作爲鼓勵和互學的機制。

美國政府創新獎從一九八五年開始由福特基金會出資成立，而由哈佛大學甘迺迪政府學院主辦。主要目的是在認可並推動公共事務方面的卓越與創造力，照亮政府創新的典範，並且進一步就國家最迫切的公共關懷議題繼續努力。到二〇一二年爲止，大約有五百個政府的創新計畫得到認可。

選擇的標準包括新穎性、有效性、意義度和移轉度；最後入圍決選的六個創新獎，都在展現他們創新的努力以解決美國最迫切的問題，包括教育、經濟發展、貧窮、公民服務和健康照護等面向，在經濟不景氣，資源有限的狀況下，這些政府創新特別值得鼓勵與擴散。

中國地方政府創新獎仿效美國政府創新獎，從二〇〇〇年開始舉辦，每兩年一次。一〇年開始，由北京大學中國政府創新研究中心主辦，和美國政府創新獎最大的不同是，他們只評選地方政府的創新。

設置獎項不在輸贏，而在分享學習，也許我們應該另闢平台，凸顯政府的創新，尤其是地方政府的努力，促進擴散效應。

（本文刊載於今周刊第818期）

第五篇

創意串連跨視界

1 面對未來的工作技能

在某個私人場合，我和兩位來自北京與清華兩所大學的學生談到兩岸大學生不同之處，他們根據觀察和互動，意會到一些差異，並且詮釋可能產生這些差異的原因。他們接觸到的臺灣大學生非常可親可近、熱情友善，容易陶醉在小確幸中，比較不會從全球的觀點來定位自己和國家的未來。如果抱怨通常是他們認爲「枝微末節」的事件。

這讓我想起美國未來研究所提出的未來工作的十個關鍵技能。**第一個技能就是意會詮釋或意義建構的能力**，具有這種能力的人通常會根據人事物，甚至大數據所觀察的現象和互動的深層結構表達他們的意會詮釋。這兩名陸生至少已具備這種傾向。不管是台生、陸生或其他國家的年輕人，在未來的職場中也必須具備其他九個關鍵技能。

第二個技能就是社會智能，也就是一般所謂的 EQ。**第三個技能是獨創與應變思考的能力**，就是發想新奇而有意義的觀念，以及因應意外狀況的能力。**第四個技能是跨文化的能力**，也就是在不同文化情境中運作的能力。

第五個技能是運算思考的能力，是指運用不同的抽象層次思考，有效解決問題或是將大數據轉化爲抽象概念的能力。**第六個技能是新媒體的素養**，也就是知道如何辨識新媒體的內容和創意應用新媒體。第七個技能是跨領域的能力，即了解不同領域抽象概念的素養和能力，並且可以和不同領域的人進行有意義的對話。

第八個技能是設計思維，未來的工作人員必須掌握機會，運用設計思考增進完成任務的能力。第九個技能是認知負荷管理，就是懂得如何區辨並篩選認知過度負荷的資訊，然後聚焦於重要的訊息。第十個技能是虛擬合作協調的能力，在互相連結的全球化中虛擬團隊的合作會越來越普及，成員必須合作發揮團隊創造力。

二〇〇四年由美國教育學會協助成立的「二十一世紀技能的夥伴」非營利組織，也從教育角度提出未來工作需要四C技能，那就是批判思考與問題解決（critical thinking and problem solving）、溝通（communication）、合作協調（collaboration）和創造力與創新（creativity and innovation）。一〇年美國管理學會關鍵技能的調查，也發現同樣的四個C，三分之二的CEO受訪者認爲他們會優先雇用和晉升具有這四種能力的員工。

一三年教育部公布的人才培育白皮書也提出全球移動力、就業力、創新力、跨域力、資訊力和公民力六項關鍵能力。乍看就業力和公民力是特有的，其實這兩種能力也都融入在其他組織所提出的未來工作能力中。

（本文刊載於今周刊第895期）

2 培養國際視野增長文化智能

一九七一年的暑假第一次旅遊倫敦，行前希望透過朋友的口碑建構「目的地意象」，算來算去，就是沒有英國朋友，只好問到過倫敦的美法荷德朋友，他們異口同聲地提醒，英國是美食沙漠。爲了不虐待自己的五臟廟，便到紐約中國城熟悉的餐廳，請他們幫我準備精裝的小袋醬油和特製辣椒醬，在倫敦吃飯時，故作優雅地自行調味，引來隔桌同是英倫覓食人羡慕的眼光。

近十年來，幾次重遊倫敦，發現創意產業先鋒的倫敦，確實多元化了。除了戲劇、流行歌曲、設計和出版等領域外，美食方面也有越來越多的選擇。果然，他們的生活已經實踐了文化創意產業的主張。

最近更因參與文化創意產業的工作，而接觸了倫敦 BOP 文創諮詢公司的主要成員，如創意經濟之父霍金斯（John Howkins）和主任歐文（Paul Owens）等人。在幾個場合中，恰好有機會介紹他們，我都會從這一段與英國多年接觸的經過開始。能夠一見如故，就是因爲他們擁有多元文化的經驗，而且從這些經驗中內化了豐富的文化智能。

臺灣產官學研都在強調國際化的重要性，也希望臺灣人可以放眼世界，培養國際視野。教育部甚至從中小學開始推動國際教育，二〇一一年訂定「補助高級中等以下學校推動國際教育計畫要點」，企圖引導中小學加強國際教育的深度和廣度，「培育學生成爲具有全球關懷與國際視野的世界公民」。

在高等教育方面，一方面鼓勵大學生出國留學和交換進修；另方面也在大學裡廣設多達一百五十個以上的英語教學學士、碩士、博士學位學程，讓臺灣和外國學生合班上課、互動交流。

從小學到大學的國際教育都企圖增加學生的多元文化經驗和文化智能；**文化智能包括動機、認知、後設認知和行為四個面向**。不管是學生的國際化教育或企業界的境外訓練，首先必須激發學生或員工了解不同文化並結交不同文化朋友的動機。

在認知方面，學習入境隨俗必要的語言、文化與行爲常模等知識，在體驗新的文化時，能從不同的觀點看待或思考親臨現場的具體情境。

後設認知包含覺知、規劃和檢驗。覺知就是指文化和人際的同理心；規畫是指跨文化體驗之前的準備；檢驗則是和別人互動時，檢討自己的所作所爲、計畫和期望到底適當不適當，並且進行必要的調適。

行動方面，是在跨文化情境中應變的能力，能拿捏得宜，知道什麼時候該入境問俗，什麼時候不必。

任何的國際教育都必須以增長文化智能的四個面向為目的。

（本文刊載於今周刊第875期）

3 跨領域領導人

從一九五九年英國的物理學家暨小說家史諾（C. P. Snow）的兩種文化與科學革命之演講開始，許多人就希望人文與科學能夠相遇相知。

不幸的是，五十年來人文與科學仍很難溝通。

在政府推動文化創意產業時，文化和產業似乎更難交會。**如果政府領導人、企業家、文化人、教育工作者希望推動政府創新、產業創新、文化創意產業、教育創新，他們可能都需要跨領域的基本知識。**

跨領域的教育已經刻不容緩，美國擔心無法維持領導世界的創新地位，更害怕現在的學生無法成爲創新或領導人才，因此從聯邦政府到地方政府，從教育界到企業界，都在檢討美國的教育制度。二〇〇九年，哈佛大學甘迺迪學院的政府創新獎，就頒給芝加哥市教育局與民間機構合辦的「新領導人、新學校」之培育計畫。

在美國這一波的教育改革中，重視教育和社會創新的基金會也積極參與，蓋茲基金會不僅支持公辦私營學校，也出資興建創新學校。

哈佛大學當仁不讓地認爲應該領先培養跨領域教育領導人，以其教育學院爲基地，結合管理學院和甘迺迪政府學院共同創辦為期三年的教育領導博士學位，華勒斯基金會則提供獎學金讓專職的學生前兩年免付學費，而第三年則和各級教育行政單位、各種與教育相關的非營利機構合作，讓這些學員可以像駐院醫師一樣地支薪實習。

過去的教育學院也曾努力增進學校領導人的經營管理知識，學校甚至晉用擁有 MBA 的人才擔任行政主管，但效果不如預期，所以才決定讓這些未來的教育領導人徹底跨領域。

從二〇一〇開始招生的教育領導博士學位，前兩年的課程大約有九門，教育學院開授的課程包括成人發展與學校領導、協助教師改進教學、教師工會與學校改進等。而管理學院開授的是創業和人力管理以及教育改革中的創業精神等等，甘迺迪政府學院則是從非營利以及政策的角度豐富學員的行銷、績效領導、策略管理等等的知能。

哈佛大學的教育領導訓練就是以教育領導或學校經營作為其專業，並結合企業管理和公共政策與非營利組織的知能，發揮創意、創新和創業的精神和能力。

這幾年臺灣的大學紛紛成立跨領域系所或學程，卻在評鑑中很難見容於評鑑委員，究竟問題出在哪裡？要怎麼做才能真正培養跨領域人才？我們似乎不能再拖延。不管哪一個部會或領導人在推動六大新興產業時，也都要從跨領域的角度有效地培育真正的跨領域人才。

（本文刊載於今周刊第 679 期）

4 臺灣是家鄉，世界是校園

二〇〇八年時，教育部長鄭瑞城強調臺灣的學生必須走向國際舞台，總統馬英九也提出未來國家考試加考英文的主張。

為了因應全球化的競爭，重視創新的國家都在努力擴展國際視野和加強外語能力，就連美國也不例外。尤其是在九一一事件之後，過去美國知識分子常自我解嘲地說：「會三種語言的叫 Trilingual，會兩種語言的叫 Bilingual，而只懂一種語言的就叫美國人。」在美國的「國語」是國際語言的年代，我們可以理解他們的有恃無恐，但當英語變得越來越是國際語言之網際網路的今天，他們的產官學各界反而加緊腳步國際化和學外語。他們有什麼創新作為值得我們參考？

普林斯頓大學從〇九年開始鼓勵大一新生出國一年。和傳統的以大三學生到國外就讀的模式不一樣，這個新的「橋段計畫」是赴外國服務，而不是讀書。他們希望學生從事公共服務工作，學校將會提供行政協助、經費支持以及尋求其他組織建立夥伴關係，讓學生的海外服務能夠產生應有的效應，而許多美國的大學也都在實施類似或更創新的計畫。

被佛羅里達評為最具創意的北歐各國，都積極制定政策，並實際鼓勵學生到國外學習或服務。以芬蘭為例，四分之一以上的大學生都曾赴國外讀書、學習，每個人居留的時間平均是五個月。

鄭部長中意的例子，是一位約翰霍普金斯的臺灣學生，在學校的安排下，如影隨形地跟著一位日本國會議員實習兩個月，親自了解並體會日本議員的工作狀況。這種實習是近幾年來流行的學習和服務的方式，英文叫 Job Shadowing，中國大陸稱爲「頂崗學習」，學生和公私機構的員工都可以赴國外學習。

例如四川政府的農業廳等機構，派遣副廳長等級的公務員，分別擔任明尼蘇達州政府相關各廳局長的助理，如影隨形地學習相關政策、服務以及政府與其他機構的關係。這個爲期六個月的計畫，首先在明大接受兩個月相關的學術課程，然後進行影子工作，一部分的工作也包括與明大及州政府的相關人員，完成明尼蘇達州官員回訪四川的計畫。

為什麼要到國外學習或服務？我認為至少有十個益處：一、有效演練英語，快速學習其他外語。二、親自體驗並了解外國文化。三、更了解自己與自己的文化。四、增加旅行機會。五、擴大國際視野。六、增進創造力。七、打破既有框架和迷思。八、結交外國朋友，建立人際網絡。九、增進同理心，驗證待人處世原則。十、增進個人工作的機會。

在全球化的今天，行萬里路、讀萬卷書已經是許多人的學習方式，心理學研究更告訴我們居住國外的經驗會增進創造力。這幾年臺灣的大學校園內也越來越重視國際化，懂得利用眼前的機會學習多元文化、增進創造力，並獲得以上十個益處是可欲可求的。

（本文刊載於今周刊第 614 期）

5 新世代需要的深度學習

一九七五年，喬治．盧卡斯（George Lucas）完成了《星際大戰》（*Star Wars*）劇本的第二稿時，重讀坎伯（Joseph Campbell）的《千面英雄》（*The Hero with a Thousand Faces*），終於發現了《星際大戰》英雄之旅的故事架構。坎伯指出，所有的故事都表達了英雄之旅的單一神話，《星際大戰》所要表達的就是慈悲和同理心。他這時的頓悟來自他以心理學上深度學習的方式，重新閱讀《千面英雄》。

所謂深度學習，就是應用高層次的思考能力，分析作者背後的意義，連結已知的概念和原則，面對並解決在新奇陌生情境中的問題，了解自己和世界，並應用於生活和工作。這種深度學習經常是無師自通的。相對於深度學習就是表面學習。盧卡斯在社區大學求學期間，曾經認眞閱讀人類學、歷史和文學，也覺得《千面英雄》有趣，卻未深入探討。

比爾．蓋茲中途輟學，卻透過閱讀自我教育，他的學習也是無師自通的。他會在部落格分享他閱讀的心得，每年都會瀏覽五十本以上的新書，然後深度學習對他影響最大的幾本，其中兩度分享的一本是史丹佛大學心理學教授德威克（Carol Dweck）的書《心態致勝》（*Mindset*）。他說，德威克的研究對以他和他夫人命名的基金會（Bill & Melinda Gates Foundation）的教育思考影響至巨，相信人類可經由努力增進才能的心態，影響我們的學習方式。這本書對企業界培育人才也有所啓示，蓋茲的閱讀

《心態致勝》當然是深度學習。

上述兩位都是嬰兒潮世代的成功創業家，是特例也可能是世代的共性。許多老闆、教授都會抱怨現在年輕人的學習不夠深入，資訊頗廣但缺乏批判性思考，不懂得篩選什麼是有證據、什麼是沒有證據，是走馬看花、蜻蜓點水式的表面學習。

這樣的抱怨在美國是有研究依據的，路易斯安那州立大學的諾茨（Tami L. Knotts）等一群行銷教授，以一七九〇名美國人所做的研究，果然發現千禧年代（一九八二年後出生），在獲取知識方面比起X世代（一九六五～八四年生）和嬰兒潮世代（一九四六～六四年生）缺乏深度學習。

新世代在快速吸收知識之餘，也應重視深度學習而避免只停留在表面學習的層面。不管是大學生或 EMBA 的學生在教室中的學習，或一般的員工在企業的訓練裡，如果學習者採取的是膚淺的學習方法，他的任務就是「我來上課，我也做了筆記，閱讀老師規定的材料，爲了考試，爲了能記得所學，我也會畫重點」。也就是說，多少是被強迫採用死記的策略，強調事實的記憶，他們尋找正確的答案，所學的材料似乎是「各自爲政」，缺乏「連結合作」。

但如果學習者採取深度的學習方法，學習者會掌握主要的觀念和結構、質疑結論、試圖釐清眞相，學習者希望意義建構所學的東西，是在滿足知識的好奇心和內在動機，也具有適當的背景知識，比較能夠深度理解各個概念及其相關性，而不是只記得零零碎碎的細節。

（本文刊載於今周刊第 1033 期）

6 異質團隊的表層和深層元素

二〇一五年九月二十七日，政大 IMBA 學生組成的 IMPCT 團隊，在紐約舉辦的二〇一五霍特社會創業獎決賽中獲得百萬美元新創社會企業育成加速基金的全球冠軍。團隊成員三男一女，分別來自薩爾瓦多、宏都拉斯、加拿大和臺灣四個國家。

IMPCT 在杜拜的複賽時未進前五名，卻能從失敗中復原而發展創新的社會企業商業模式，並募資在貧民窟先行創建幼兒教育中心。終於在網路的敗部競賽中取得第一名，進入保留的第六個決選名額。

相隔十二天，即十月九日公布的諾貝爾和平獎，頒給了突尼西亞的「全國對話四方集團」（National Dialogue Quartet）。這個團隊在一三年國家瀕臨內戰之際，由四個重要的公民團體組成。總工會的領袖阿巴希（Houcine Abbassi）首先說服向來對立的工業、貿易及手工業聯盟，再邀請人權聯盟和律師公會加入。這四個組織的領導人也是三男一女，為了避免內戰且進一步建構民主國家而共同努力。

國籍、性別、年齡、區域、社團組織、宗教、黨派等人口變項是屬於表層的元素。在表層的異質工作團隊中，人們會傾向以某一個特殊的人口變項如國籍、黨派形成小圈圈，容易受到過去刻板印象影響而產生信任、合作、溝通的困難以及友誼或任務的衝突。這些團隊要發揮異質團隊的創造力和創新，就必須轉化為深層的異質，包括知識技能、價值態度、認知能力、思考風格、信任合作等心理特質。

阿姆斯特丹大學一個心理學研究團隊，發現成員適配的深層異質在解決問題時，比較容易拋棄以往的偏見，進而連接原本沒有直接關聯的想法。人格特質當然也是深層異質的元素。在解決團隊問題時，有人心胸開闊、觀念不絕，有人擅長整合歸納，有人冒險，有人謹慎。在衝突時具有同理心的人，也比較容易出面協調。

臺灣習慣於表層多元組合，例如總統、副總統的團隊基本上都在性別、省籍、年齡等表層元素打轉。但在團隊形成後，如何轉化爲深層元素的異質團隊，以發揮創意與創新的治理效果才是上策。

從工作團隊到國家政策，在尊重已有的新移民或鬆綁法令引進移民時，也必須發揮深層異質的創新效應。華盛頓大學的社會學與公共事務教授賀許曼（C. Hirschman）認爲，冒險的移民對美國最重要的貢獻，是來自他們的子女透過文學、音樂、藝術、科學等傑出表現，擴大了美國文化視野。

這正是臺灣多元文化異質團隊的機會。

（本文刊載於今周刊第 984 期）

7 互惠分享增進創造力

一九六〇年初美國歌手、演員葛芬柯（Art Garfunkel）在哥倫比亞大學的室友格林伯格（Sanford Greenberg），確認得了青光眼時已無可挽回，然而失明並沒有挫敗他完成學業的決心，還因為表現優異而獲得獎學金到牛津大學成為交換學生，後來甚至取得哈佛博士學位，且成為成功的企業家和慈善家。

來自貧窮家庭的他一路靠著獎學金，居然還能存款五百美元。在牛津大學時，有一天接到繼續在哥大研究所讀書的葛芬柯訴苦的電話，他說：「我真的不喜歡讀研究所。」格林伯格問他：「那你想做什麼？」他回答：「我喜歡唱歌。」他有一位高中同學，就是後來組成兩人團隊中的賽門（Paul Simon），他們想在歌壇試試身手，但是需要製作試聽帶來推銷他們的音樂，「要這樣做，我們需要五百美元。」

格林伯格立刻把他僅有的五百美元寄給葛芬柯。「他幫了我，讓我的生命更有意義，我一定要幫他，也讓他的生命更有意義。」格林伯格後來感恩回憶，他剛失明的那段時間，葛芬柯每個晚上都主動為他閱讀教科書。

〇五年，霍浦金斯大學的校長布洛迪（William Brody）在該校畢業典禮上說了這個故事來介紹該校校董：格林伯格。十年後這兩位大學的室友在霍浦金斯大學設立兩百萬美元的「二〇二〇根絕眼盲」的獎項。

愛爾蘭劇作家蕭伯納（George Bernard Shaw）說：「我有一顆蘋果，你也有一顆蘋果，交換之後，我們還是各自擁有一顆蘋果；但如果我有一個觀念，你也有一個觀念，交流之後，我們都各擁有兩個觀念。」**資訊和知識、才能與資源的分享，讓當事人的知識和觀念加倍成長，這是人際關係中非常珍貴的互惠原則。來源不同的觀念知能和才氣資源，在互惠分享和交流碰撞中，可以因新奇組合而產生創意。**

知識分享的反面就是知識藏匿，知識藏匿包含：一、虛與委蛇，答應幫忙但實際上從來不是真心，因而拖延或提供不是對方想要的資訊；二、裝傻，假裝自己不知道對方想要的訊息；三、合理化，告訴對方，他的老闆只允許參與計畫者接觸這項資訊。

斯洛維尼亞和挪威的四位教授以三十四個團隊、二四〇名員工所做的研究發現，知識藏匿不僅對別人不利，也會減少藏匿者自己的創造力；如果整個組織或團隊的氛圍不是強調競爭績效，而是精熟學習，那麼，組織中的員工就會互惠分享、促進創意。

高喊創新與創業重要性的產官學各界，必須設法讓在考試評比、社會比較的競爭氛圍中長大的臺灣，互惠地啓動自動化的分享動機和方法。

（本文刊載於今周刊第 964 期）

8 領導人兼容文化智能

二〇一四年七月五日，德國總理梅克爾訪問中國，第一站居然是成都。據報載，她親自到市場購買豆瓣醬、辣椒粉、八角等，向廚師學習源自四川的「宮保雞丁」這道菜。對自己的總理身分和女性角色自信自在的梅克爾，在被聯合國教科文組織選爲「美食之都」的成都，學習並因此「讚仰」中國引以爲傲的美食。

這個小小舉動充分展現她的文化智能；這種有備而來贏得好評的行爲，也可能削弱了她在北京清華大學演講中所傳達訊息之尖銳性，她以個人在東德共黨時期長大的體驗，期許中國：「爲了成功地塑造未來，你們需要一個開放、多元、自由的社會。」

國家元首需要文化智能，企業領導當然也不例外；其實，活在「全球在地化」的今天，人人都需要文化智能。許多人因工作需求，而必須和異質文化的人，在實體空間或虛擬的世界互動交流、任務合作。

旅遊也已經變成很多人的生活風格，旅遊觀光也因此蓬勃起來；旅遊者希望在旅遊中體悟美好的經驗和回憶，觀光業者則希望有效地和旅客互動交往、創新服務，他們全都需要文化智能。

同樣地，在選舉期間，許多候選人都刻意爭取不同族群的認同。以美國爲例，近年來，每一位總統候選人都想盡辦法去理解亞裔、西裔和非裔的美國人，希望得到他們的正向回饋，那就是「票」！許多公司在行銷時，也努力適應不同文化背景的消費者，希望得到他們的正向回饋，那就是「錢」！

那什麼是文化智能？

文化智能包括四個元素。首要元素，是學習並適應不同文化的動機，願意接受挑戰與貢獻自己的優勢。第二個元素是學習對方的文化知識，也就是「入境而問禁，入國而問俗，入門而問諱」，以了解價值觀、宗教信仰、人際關係等文化內涵。

第三個元素是策略的運用，在實際行動之前，除了意識到改變行為的必要，也會根據自己對文化的了解，而適應此時此地的情境脈絡。第四個元素是行動，也就是起而行，以語文使用為例，根據跨文化交往的原理，實際改變語文和非語文的表達方式；再以文化特色為例，以行動表現對方引以為傲的優勢。

梅克爾首先必須具備足夠的動機，去理解中國文化特色，然後根據習得的文化知識調整行動，以便適應對方的文化，並貢獻自己和德國的經驗與智慧。最後，她在行動上選擇了下廚學做宮保雞丁，以及在演講中表達自由的期許。文化智能的元素，盡在其中。

（本文刊載於今周刊第919期）

9 產官學研跨界合作的紐約經驗

二〇一一年十一月和十二月兩則有關臺灣創新的大新聞，讓我想起一則有關紐約創新的小新聞。

潤泰集團總裁尹衍樑接受《今周刊》七八三期專訪時透露，他準備捐出個人九五％的財產，成立公益基金會，並且計畫設立東方的諾貝爾獎「唐獎」。這是臺灣企業家空前的「社會創新」計畫，希望發揮創意而對社會產生影響力。

第二則新聞是立法院於十一月二十五日三讀通過〈科學科技基本法〉修正案，行政院科技顧問組副召集人朱敬一表示，這將是臺灣從「效率導向」轉型爲「創新導向」經濟的一大步。這次的修法可以突破技轉法制的限制，以促進扮演最重要的創新引擎之大學，順利地將科研成果移轉到社會和產業。

中央政府和民意機構的決策者，都是創意、創新和創業發展以及創造力教育的守門人，他們建構的守門機制，例如這一次的〈科學科技基本法〉修正案以及最後的有效執行，都會影響人民的幸福、社會的進步和產業的發展。

企業家當然也是守門人，他們建構的守門機制重不重視研發、員工成長、社會責任、教育承諾，也都會產生巨大的影響，而大學行政人員與專家學者一方面擔任培養人才的守門人，另一方面也必須在產、官、學的守門機制下，充分發揮創意、創新和創業精神。

臺灣的這兩項機制是好的開始，但都還在抽象階段，往後必須成功地連結並付諸行動。紐約的創新則是具體的「啓動」，已經是一個產、官、學、研跨界合作的實例，值得我們參考。

紐約市政府以市長為首的守門人，經過幾年和學術、企業、創投、社區以及公民社會的守門人充分平等的對話之後，找到了共同的主題，那就是運用紐約已有的優勢，轉化成超越加州矽谷的二十一世紀創新經濟的全球領導者。

他們相信找到對的大學守門人，建置創新和科研知識轉移的守門機制，必定可以為紐約培養明日的創業家，並創造未來的工作機會和發展經濟。

紐約市是一個人文創新的基地，根據各種調查，紐約都被認爲是吸引創意專業人員的創意城市，在這樣的基盤上，推動應用科學計畫必然可以達到預期的目標。

紐約市長彭博邀請產、官、學、研、社界的領導人組成委員會，再邀請屬意的頂尖大學提案在紐約市設立應用科學的校園。提案的大學在整個準備過程中，個別和市府進行互動、諮詢、澄清及談判，在史丹佛大學退出之後，共有五所大學正式簡報，最後由康乃爾大學和以色列科技學院的團隊雀屏中選。當然，康乃爾校友、機場免稅店大亨菲尼（Charles Feeney）最後的臨門一腳，捐助三·五億美元支持此計畫，絕對是加分。

（本文刊載於今周刊第785期）

10 酷日本：裡應外合的國際觀

日本從上廁所、開車、打扮、送禮物等日常所需的用品中啓發靈感、發揮創意，製作許多「酷」產品，在世界「萌」燒起來。不僅這些產品替日本帶來經濟產值，連「酷」「萌」這些字眼，也產生相當大的影響力。

例如「萌」這個字，已經成爲中國網路上的用語，二〇一〇年，華中科技大學校長、被學生暱稱「根叔」的李培根院士，在畢業演講中，借用了許多網路「潮」語，讓學生覺得他超「萌」。許多大陸的大學校長也在一一年畢業典禮中跟進，網路上有人評論一些校長是在「裝萌」。

臺灣當然也 cool 起來。長榮的 Hello Kitty 彩繪機重新啓航，而學術界也一樣跟進。政大創新與創造力研究中心已花了兩年多時間，進行臺灣「酷元素」的研究。

「酷日本」的影響力幾乎無所不在，《神隱少女》於〇三年獲得奥斯卡最佳動畫片奬。而村上隆在法國爲 LV 設計的皮包，以及凡爾賽宮舉辦產品展覽的影響力的確很大。

「Cool Japan」在國際上的影響力為什麼會如此巨大？我認為裡應外合的國際觀是一個關鍵的引擎。讓日本變得很「酷」應該是從〇二年開始的。美國的媒體人麥克葛瑞（Douglas McGray）獲得位於紐約的日本協會之媒體獎助金到日本訪問時，意外發現了日本的「酷產業」。他在〇二年的《外交政策》（*Foreign Policy*）雜誌上發表了一篇「Japan's Gross National Cool」。

許多亞洲國家都在紐約設立協會，希望讓美國人了解他們國家的文化與社會。日本協會的做法就比較特殊，他們設立媒體獎助金，讓美國傑出的年輕媒體人到日本暫居訪查，這些媒體人通常都會努力地報導日本的正向發展，麥克葛瑞具有獨特敏銳觀察和歸納的能力，讓「酷日本」很快在各地「萌」起來。

日本的外務省非常懂得借力使力，在〇五年的記者會上，把日本「Gross National Cool」和不丹的「Gross National Happiness」連結。

而酷日本又如何能夠取得學術上的定位，進而擴散影響力？麻省理工學院於〇六年啓動「酷日本」的研究計畫，自然可以倡導有關日本酷元素的研究。

國外的媒體報導、學術研究、顧客的購買還不夠，日本外務省的連結與行銷也還不夠，本國媒體的重視必然可以產生更大的影響力。

回歸酷日本傳播國際的根源，〇九年 NHK 開播電視節目《COOL JAPAN 発掘！》邀請住在日本一年以下的國際人士上電視分享他們對日本酷文化趨勢的看法。

如何重視、發掘、鼓勵、生產相關的產品當然是本國產、官、學、藝、媒各界都要合作努力，但是政府即使不具有前瞻性與想像力，也可以像日本那樣適時歸納整合並借力使力向外推動。

（本文刊載於今周刊第 781 期）

11 創意產業的夢幻團隊

創意產業重要，團隊合作也重要，但如何建立夢幻團隊以發展創意，應該是產、官、學、研各界所關心的議題。

美國西北大學化學與生物工程學系一個以師徒兩人為主的研究小組，和管理學院另一組也是同樣師徒組合，且具有音樂素養的研究小組，結合成一個夢幻團隊，一起研究社會心理學、經濟學、生態學和天文學四個領域。他們從一九五五到二〇〇四年間所發表的學術論文中，其中引起注意的是一項研究一八七七到一九九〇年間，共二二五八齣百老匯歌舞劇產業的票房成敗與團隊組合的關係，研究中每一個團隊的成員可以依其經驗分成四類，第一類是新手和新手的組合，第二類是新手和老手的組合，第三類是老手和老手的組合，第四類是重複合作關係的老手和老手之組合。

這四種不同的組合反映了團隊「異質多元」之程度，最成功的團隊會吸引經驗熟練的老手和沒有經驗的新手，或者是從來沒有在一起合作過的老手之參與，這項研究結果引起許多報章雜誌的注意，且幾乎所有的報導都以百老匯歌舞劇為例。紐約的歌舞劇大約有四分之三因為票房不佳而失敗，而失敗最主要原因是同一組人一再重複類似歌舞劇，了無新意。

其實歌舞劇每年帶給紐約的產值約四十億美元，《投資者財經日報》（*Investor's Business Daily*）甚至說：「企業界可以向成功的百老匯歌舞劇學到很多東西，不是歌不是舞，而是成功團隊的組合。」於是《西城故事》（*West Side Story*）的歌舞劇就變成夢幻團隊的典範。

一九四九年，舞蹈家羅賓斯（Jerome Robbins）向百老匯歌舞劇生手的古典音樂家伯恩斯坦（Leonard Bernstein）建議，將莎士比亞名劇《羅密歐與茱麗葉》內的一對戀人，改編成來自天主教和猶太教家庭，同時邀請劇作家羅倫茲（Arthur Laurents）撰寫劇本。醞釀六年後，他們決定把茱麗葉變成新移民的波多黎各人，而把羅密歐變成第二代波蘭後裔的美國人後，又找來一位當時只有二十五歲，現在已是大師級的音樂家桑坦（Stephen Sondheim）作詞，桑坦且在緊急時，邀請一位當時已經嶄露頭角的朋友普林斯（Harold Prince）加入製作的團隊。

這個組合中有老手有新手，老手中有合作過的、沒合作過的，他們帶來各自的經驗、才能、新知與新的人際網絡關係，這就組成了《西城故事》的夢幻團隊。多元未必是性別、種族和宗教的差異，而是專長、經驗、脈絡的異質，在工作上能結合友誼和創意，但成功之後又必須再度組成夢幻團隊。

產業界也有類似的例子。便利貼最後的創意點子就是原先發明有點黏又不太黏的黏著劑之 3M 工程師西爾弗（Spencer Silver），依公司規定加入另一個新的研發團隊之後，由從未合作過的富萊（Art Fry）想出來的。在臺灣，大公司每次更換 CEO 或政治選舉前後，誰是新的領導團隊多少會受到注意，也許從夢幻團隊的角度評估，可能更可以預測或檢驗每個團隊的創意和表現。

（本文刊載於今周刊第 443 期）

12 多元文化促進創造力

臺灣近年來努力吸引外國學生和專業人才，也透過獎學金、交換計畫和雙連學位等方式，鼓勵大學生和研究生豐富國外的經驗。接觸外國文化對臺灣的創造力發展眞的這麼重要嗎？

組織行爲教授法磨（S. M. Farmer）等人，以「臺灣員工的創造力」爲題做了一個有趣的研究，研究對象是一六六位來自臺灣八家公司的工程師、軟體設計師、研究科學家、醫生和藥劑師等。其中一八%的人曾在美國讀書或居住，因而擁有較多機會接觸美國文化。研究發現這些曾在美國居住或留學的人，對於自己「創意角色的認同感」比較高，創意角色的認同感，是指他們相信作爲有創意的員工是自我認同的重要成分。

這個研究同時也發現，接觸美國文化越多，創造力的表現也越高，他們自己認爲如此，他們的直屬上司之評估更是如此。

如果這些一八%的臺灣人繼續留在美國，對美國的創造力表現，是不是有著同樣正面的影響？以研究美國創意階級聞名的佛羅里達在談到美國創造力危機的文章中，認爲從一九三〇年代開始，美國因對新觀念採取開放的態度而歡迎逃離歐洲法西斯主義和共產主義的科學家、文化人、創業人才和知識分子。這些移民協助美國建構大學教育系統和創新的基盤，這種開放的觀念在一九六〇年代的社會運動中變得普及。到了八〇至九〇年代，大量異質文化人才更從世界各地湧入美國，帶來新穎的思考、經驗、文化等，對美國創意活力發展貢獻極大。

佛羅里達擔憂在九一一之後，美國逐漸失去來自外國的科技、工業、發明人才，在同一時間其他國家如愛爾蘭、紐澳、荷蘭、北歐等反而積極引進外國創意階級的人才。

爲了解除人才危機，美國產官學界也努力增加美國人的國外經驗，以及試著吸引進而留住外國人才。普林斯頓大學從〇九年開始，鼓勵新生在正式上課之前先到國外學習、服務或工作一年，更是大膽的創舉。

新加坡管理大學梁（A. Leung）和其他三位擁有豐富多元文化經驗的教授綜合研究結果，發現多元文化經驗可增加創意表現，尤其是深刻融入外國文化中的人表現最佳。他們認爲多元文化體驗之所以能夠促進創造力的發展，可能是因爲這些經驗可以：一、提供當事人直接接觸來自異質文化的新奇觀念；二、讓人學會在同一個文化形式背後看見多元功能的能力；三、解構例行化的知識結構，因而增進了接觸那些通常是遙不可及的知識；四、從原本不熟悉的活水源頭中隨時吸取和檢索觀念；五、綜合來自異質文化裡看似不相容的觀念。

（本文刊載於今周刊第598期）

13 個體意識與團體創意

東吳大學二〇〇七年以十項見面禮來歡迎新生入學，第一件禮物是楓葉，借由楓葉的比喻，期望新生能在「四年之間，發現自己的獨一無二」；而台大新生訓練時，李嗣涔校長也要求學生一定得堅持「四要」與「四不」，其中的一要是「要有創新能力：不必求第一，但要做唯一」。這些期許和要求，說明了臺灣的高等教育正式啓動另一種教育典範，開拓學生的創意思路。

相信東吳和台大一樣會要求學生認同學校、尊師重道、友愛同學、勤奮向學，進而在言行上符合常模，在人際關係上與同學和諧相處，合作無間。

要求學生表現唯一或獨特，是個體主義的文化特徵；要求學生言行符合常模，則是集體主義的文化特色。

集體主義的文化是以人際連結與團體常模為基準，個人為了促進團體和諧與互依，就會產生順從的機會，可能因此阻斷了創造力。個人主義的文化強調的則是自己獨一無二的獨立思考能力，不僅可以減少順從的壓力，而且在面對異見時也可以維持自己的觀點，團隊成員表達了多元互相包容與競爭的觀點，最終可以促進團體的創造力。

歐美是個人主義的文化，亞洲則被認爲是集體主義的文化，從一九七〇年代開始，歐美尤其是美國，先是受到日本企業成功的影響，然後又因亞洲四小龍以及中國的崛起之衝擊，有些學者開始倡導集體主義的取向，他們認爲集體主義可以減低團體成員混水摸魚的現象，並增加合作行爲，認同所屬團體。

其實古今東西每個人都同時具有個體或集體主義的取向，只是或多或少而已。因此在進行團隊工作時，團隊的領導人便可以依據團體的目標，喚醒團隊成員的個體取向或團體取向意識。

康乃爾大學的貢薩洛（J. A. Goncalo）和加州大學柏克萊分校的史多（B. M. Staw）教授要隨機被分派至個人主義取向的團隊成員寫出對自己的三種敘述，說明爲什麼認爲自己和大多數的人不同以及和別人不同的好處。同樣的，也要被隨機分派至集體主義取向的團隊成員寫出三種敘述描寫自己的團體，並說明爲什麼認爲自己跟大多數的別人是相同的以及自己融入團體的好處。

實驗結果發現，在要求團隊表現創意時，個人主義取向的團體果然顯著地展現較多且獨特的創意。過去的研究也發現，當團隊的成員越來越改變自己以符合其他團隊成員對自己的看法時，則在要求產出正確答案時表現較好。

當臺灣的大學或其他組織能夠將創意表現當作目標時，我們就可以同時發揮個體主義和集體主義的特色，東吳和台大已有了好的開始。

（本文刊載於今周刊第561期）

14 刺蝟與狐狸得兼！

在整合、多元化的時代，可以狐狸與刺蝟得兼，即順從狐狸的特性，多元探索，掌握刺蝟本質，確認自己最能發揮的領域深入思考。

柯林斯的著作《從A到A⁺》，在「刺蝟原則」這一章劈頭就問「你是刺蝟還是狐狸」，這一問好像公司或領導人必須在刺蝟或狐狸二者中選擇一個。他認爲「能推動優秀公司邁向卓越的領導人比較像刺蝟，他們運用刺蝟的天性爲公司發展出刺蝟原則，對照公司的領導人，則比較像狐狸——總是一心多用，前後矛盾。」他的答案非常明顯，刺蝟使優秀的公司晉升到卓越的境界。

在面臨 Web2.0 挑戰的今天，刺蝟與狐狸眞的互斥不可得兼嗎？並未期許自己成爲達爾文、愛因斯坦等極少數的天才，只想在他的工作或生活中發揮創意的衆人，也只有刺蝟的選擇嗎？根據英國思想家柏林（I. Berlin）的觀察，這個問題也困擾了俄國文學家托爾斯泰。

一九五三年，柏林試圖從托爾斯泰的《戰爭與和平》（*War and Peace*）推論他的歷史觀，他認爲托氏本質上是狐狸，卻相信自己是刺蝟，他渴望建構單一的願景，可是他對歷史上人事物的觀察與知覺是如此敏銳多元，使他情不自禁地寫下他所看到的、感受到的種種。爲了說明托氏的期望與事實之間的區別，他引用希臘詩人亞基羅古斯（Archilochus）的一句話：「狐狸知道許多事，而刺蝟只知道一件大事。」

柏林認爲刺蝟透過單一深入的觀念觀看這個世界，例如但丁（Dante Alighieri）、黑格爾（G. W. F. Hegel）、尼采（Friedrich Nietzsche）、易卜生（Henrik Ibsen）、普魯斯特（Marcel Proust）等；而狐狸卻能夠運用寬廣的多元經驗，相信複雜的世界不能只用一個單一觀念來理解，例如莎士比亞、亞里斯多德（Aristotle）、歌德（Johann Wolfgang von Goethe）、喬哀思（James Joyce）等。刺蝟是單元的，而狐狸是多元的。

柯林斯運用刺蝟與狐狸來比喻卓越與優秀的公司，以及其領導人之前或同時，許多人也分別運用這樣的比喻來區別各自領域的人才，從科學、統計到國際關係等等。物理學家戴森（F. Dyson）認爲愛因斯坦是刺蝟，費曼（Richard Feynman）則是狐狸，因爲愛因斯坦只對他認爲的基本大問題與致勃勃，而且多年埋首研究；費曼則對什麼都有興趣，可以自由地從一個問題轉到另一個問題。但他認爲科學界同樣需要刺蝟與狐狸，可以這麼說，大發現來自刺蝟，小發現則是來自狐狸。當然任何的二分法都會有不同的意見，愛因斯坦只是刺蝟而費曼則只是狐狸嗎？

在人人可以於網路上參與內容的創造和社會網絡的互動，科技與人文必須整合、多元化的時代，的確可以狐狸與刺蝟得兼，即順從狐狸的特性，多元探索，掌握刺蝟本質，確認自己最能發揮與所愛的領域深入思考。從狐狸與刺蝟兩者得兼的角度來看「T型」才能，狐狸貢獻的是橫的「一」廣泛地探索，刺蝟則是貢獻直的「I」深入地架構。

（本文刊載於今周刊第549期）

15 YouNiversity：使用者啓動課程

二〇〇七年六月，有二十五名在職學生就讀全球首個「使用者啓動的創新」之MBA課程，是由樂高（LEGO）、諾基亞（Nokia）等七大公司集資創辦的學校。丹麥的產業界極度需要學習以使用者爲中心的創新方法，卻不相信現有的大學可以滿足這些需求，因此主動創辦這所稱爲一八〇度學院（180° Academy）的學校。

這個學習計畫不是單一領域本位的線性發展，而是跨領域的課程，學生從做中學習，從體驗中創新，他們當然是這個課程的使用者；同時他們也需要根據所要發展的產品，讓未來產品的使用者參與創新。創新歷程包括蒐集、創造和商品化三個階段，在蒐集資料的階段，學生學習並應用民族誌的研究方法，蒐集有關消費者生活形態的知識和資料。

在創造的階段，學生分析蒐集到的生活形態，參與設計和原型發展，這樣可學習如何運用所蒐集的知識和資料，創造自己的設計。在商品化的階段，學生學習將消費者的知識和創新歷程，對自己公司相關的人士和股東溝通。

這種使用者啓動的創新，已是無法忽視的趨勢。使用者創造的內容和社會網絡的網站無所不在，維基（Wiki）、YouTube等等就是最好的例子。這也就是〇六年《時代》雜誌，以「you」做爲年度風雲人物的原因。這些由下而上的力量，使得散居各地擁有不同專業的人，在網絡上建構社群，投入創新，共同面對個人未必能夠解決的問題。

這類像是任務編組的社群，稱爲機動型的組織，可因著不同目標、問題、任務、興趣或動機而臨時組成，結構比較鬆散、成員的關係與階層性少，多元性高。MIT 比較媒體研究所的主任詹肯斯（Henry Jenkins）表示，這樣的大學組織可以稱爲 YouNiversity，和現在的大學相反。

現在的大學以系所為單位，系與系或領域與領域之間的界線僵硬，連同一個大學的不同系所都很難合作。在 YouNiverstity 裡面，系所的運作比較像是維基或 YouTube，讓分散的專長很快地可以展開分享與創新。在傳統大學裡，因應社會變遷時，通常採取疊加的邏輯模式設計課程。也就是在舊有的課程典範中，讓創新導向的教授在具有決定權的資深教授允許下，開授一些新的課程；而不是重新歸零，創造一個新的典範或是整合新舊課程典範。

八年前 MIT 的電影與媒體研究課程採取比較宗教和比較文學的模式，進行典範轉移，允許他們的課程適當地反映學生不同事業目標，不同的領域背景和專業經驗，詹肯斯認爲這樣方能因應迅速的變化與需求。

這幾年，全世界從幼稚園到研究所和 EMBA 都在進行教育創新的實驗，這些實驗大多也從使用者角度從事教育創新。

（本文刊載於今周刊第 541 期）

16 去去去，去美國讀數位遊戲

女兒好不容易讀到大三，卻說未來想以數位遊戲做爲事業目標，而且積極著手尋找適合她進修攻讀的美國大學碩士班，這個想法令從來沒有接觸過數位遊戲的一對父母不知所措；在女兒的推薦下，他們從學術交流基金會的留美網站 http://www.ustudy.org.tw 上看到美國新興科系的介紹，一個是印第安那州波爾州立大學（Ball State University）的數位說故事碩士學位，另一個則是赫赫有名的賓州大學電腦繪圖與遊戲科技碩士學位，心中的疑慮消除大半，爲了確認女兒選擇的適當性，便打電話來問我。

他們想知道美國知名大學是否眞的提供數位遊戲相關的學位？是的，提供數位遊戲的設計或科技之學士、碩士學位或相關學程，在美國教育界已不稀奇，到今年爲止美國大約有一百五十所以上的大學（http://www.igda.org/breakingin/resource_schools.php）頒授數位遊戲相關證書、學士或碩士學位，在因應當下市場的需求，以及預測未來可能的發展，一些專以培養遊戲人才之學校陸續成立。

在學位授與方面，卡內基美隆大學由藝術學院和電腦學院合辦之娛樂科技碩士學位，以及南加大影視學院的互動娛樂藝術學位最常引起媒體的注意。

電腦與藝術是兩個來往不多的學門，而卡內基美隆大學的碩士學位則是戲劇和電腦二位不同背景的教授創意合作的成果，科技與藝術人文結合的口號響遍學界，這個將口號化爲行動的教育計畫也說明了數位遊戲的設計需要科技，也必要創意說故事，從二〇〇一年成立以來，除了第一屆以外，每屆都有來自臺灣的研究生，他們的課程以計畫本位爲主，對那些不喜歡背書的人來說，的確有其特殊吸引力。

南加大的影視原來就是本業龍頭，運用他們已有的資源，獲得美國最大遊戲製作廠商 Eletronic Arts（EA）八百萬美元的贊助，產學合作培養遊戲創意人才。史丹佛大學人文實驗室則認眞地「探討互動模擬與電視遊戲之歷史與文化」的課題，並開授相關課程。芝加哥大學、MIT 等相繼邀請產學兩界和教育工作者舉辦會議，釐清遊戲的定位及影響，MIT 的詹肯斯教授就認爲遊戲可發展爲教與學的工具，並反駁有關遊戲的八大迷思。

這對父母聽完後唯一的疑慮是親友會怎麼說。我告訴他們，可以上數位內容學院的網站（http://www.dci.org.tw/4c2005/index.htm）看看政府爲什麼會舉辦包括數位遊戲在內的４Ｃ競賽。

今天的中小學生在未來進入職場時，至少五〇%他們屆時從事的工作，現在都尚未發明，這都是時代變化中的必然趨勢；大導演史匹柏（Stephen Spielberg）最近和 EA 簽約製作三部數位遊戲，將他創意說故事的能力融入遊戲，誰知道不久數位遊戲可能會成為第九藝術呢？

（本文刊載於今周刊第 471 期）

17 兩位祕書的啓示

最近幾位企業界朋友表達「大學畢業生缺乏主動性」的遺憾，這樣的觀察和台北美國商會二〇一一商業景氣調查的結果相當吻合，他們發現超過六〇%的組織會員領導人，認爲臺灣的員工缺乏創造力和主動性。

這讓我想起二〇一一年相繼逝世的兩位女士，她們從祕書和助理工作起步，最後都成爲學者專家的創意人才。一位是一九七七年因發展放射免疫檢定法而獲得諾貝爾生理醫學獎的雅婁（Rosalyn Yalow）；另一位則是因對創造力的貢獻和領導成就而被著名的創造力教育基金會選入創造力名人堂，朋友都叫她 Bee 的布利洞（B. Bleedorn）。

一九七七年我在紐約看到雅婁接受一家電視台專訪時，非常驚訝地發現她一邊接受訪問、一邊削馬鈴薯、一邊看實驗儀器。果然她一生在工作和家庭方面都能夠平衡發展，這是她在少女時期追尋的夢想。

高中時雅婁說她將來要結婚生子也要成爲科學家，同學都笑她在做白日夢。進入紐約市立杭特學院的物理系就讀後，她的老師和家人都希望她學習打字、速記等祕書技巧。一位老師跟她說，有了這些技巧，即使不能成爲科學家，至少可以在物理系當祕書，她也因爲會打字和速記而先後成爲兩位生化學家的祕書。

後來雖然困難重重但她還是如願完成博士學位，也和一位終生支持她的同學結婚。畢業後，她回到紐約市的一家榮民醫院工作，和一位醫師伯森（Solomon Berson）展開了二十年的跨領域長期合作研究。一九七二年伯森意外逝世後，她更一手挑起研究發展的重擔。

二〇一一年三月，四十年前在創造力大師拓弄思門下擔任助理的老友互相通告，我才驚訝地發現Bee享年九十九歲，在各種報導中她被稱爲教育創業家。

高中畢業後，她在明尼蘇達鄉下所謂一間教室的小學教書，兩個女兒長大成人後，她決定到明尼蘇達大學完成學士學位，先後擔任拓弄思的祕書和助理，在完成教育心理學碩士和推廣創造力有成之後，她說服聖湯瑪斯大學成立創造力和未來研究中心，爲教育界和企業界設計有關創造力和未來問題解決課程及工作坊。她活到老學到老，七十五歲時才取得博士學位。

雅婁和 Bee 在擔任祕書時都會超越祕書任務的要求，主動閱讀文件和文章內容。以 Bee 為例，她會根據她的教學和她先生辦學經驗的領悟，提供意見和實例，以豐富拓弄思的論述，並且主動蒐集整理相關的資料，也被認為是拓弄思創造力教育的最佳詮釋者之一。

對即將或已經成爲社會新鮮人的大學生，我期許他們勉勵自己、積極主動，而且相信在追求夢想時必須實踐「千里之行始於足下」的原則，雅婁和Bee就是很好的例子。

（本文刊載於今周刊第 761 期）

18 太陽谷的跨界交流

臉書的創辦人祖克伯（Mark Zuckerberg）並不認識新澤西州紐渥克市的市長布克（C. Booker），就在二〇一〇年七月初，兩人在享用自助餐時同桌而坐。市長表達了自己希望如何讓犯罪率高、中輟生多的紐渥克市，教育脫胎換骨的構想，飯後，他們兩人邊談邊走回住處。第二天，兩人又單獨見面繼續深談，祖克伯決定捐出一億美元，支持市長的教育改革計畫。

兩個不同領域、年齡，種族、宗教、職業的人，卻因緣際會地在短時間內促成一件可能影響深遠的教育創新計畫，這個因緣際會，發生於二〇一〇年一場投資公司的年度聚會中，地點是愛達荷州，人口不到一萬五千人的太陽谷。

Allen & Company 是一家投資公司，從一九八三年開始，每年七月初都會在太陽谷舉辦四至五天的會議，邀請一百至一百五十位產、官、媒、娛的領導，包括家屬大約三百人參與，經費由主辦單位負責。

通常每天上午都會有大型的演講、辯論或小團體座談，參與者也可以請主辦單位安排投資或對話的小型私人聚會，在非正式的連結中交流、談合作或腦力激盪。根據《紐約時報》的說法，Google 和 YouTube 也是在這裡浪漫地邂逅，終於在三年後完成購併。

對這些參與的領袖來說，可以工作、又可以安排家人度假，眞是一舉兩得。爲了讓隨行的家人——尤其是孩子——能夠盡興地學習和遊玩，也特別安排各種活動，例如瑜伽、騎單車、騎馬、爬山、泛舟等。玩樂以外還有一些表演，除了第一個晚上的大型宴會，以及在宴會中邀請文化專家就某個題目作專題演講以外，還有戶外烤肉的餐會，其他晚上則特別安排兒童餐宴，促進同儕交流。

每次會議總會安排一個夜晚，讓大家到小鎮自由享用晚餐，並藉機「血拼」，活絡小鎮經濟，不少報導提到，每年都替小鎮帶來可觀的收入。

更重要的是，讓當地高中以上的年輕人，在這麼短的時間中收入豐厚，並學習紀律與事業的觀念。根據一名從十四歲開始每一年暑假都在那裡打工，大學畢業後來台學習中文的年輕人表示，第一年暑假的工作只是負責傳送訊息，年紀越大，責任就越重，影響了他和他的朋友對事業的抱負。

在提倡文化創意產業、教育創新、社會企業、創新服務的時刻，行政院應該創造跨領域、跨界的交流互動、連結合作機會。至少從發展文創產業的角度來看，經濟部和文建會就應該邀請業界共同規劃，實踐以參與者爲中心的大小聚會，讓「弱連結」關係的文化、創意、產業三類人才，激發團隊創新。

我們可以不必像太陽谷的會議那樣大張旗鼓，但政府和業界所創造的平台，卻可以像他們一樣，採取參與者中心的聚會典範，以觸發實質的跨界合作。

（本文刊載於今周刊第741期）

第六篇

創業精神

1 創造力、創新和創業精神

爲了振興經濟和建設美好社會，歐美各國政府紛紛推動創造力、創新和創業精神三者環環相扣的教育。歐盟二十七國的教育部長，於二〇〇九年三月在布拉格舉行的非正式會議中，提出八點恢復歐盟經濟與面對其他社會挑戰的結論。其中，第三點即是在強調「培育創業精神並推動創造力與創新」。他們認爲，歐洲需要培植創業的心態，並重視個人創造力的發展。

早在〇七年歐盟教育文化祕書處的《創新與教育的背景》報告書中即強調，教育機構如能繼續適應區域性的、在地的創業實踐，且在其教育和訓練中增強軟性創新技能，並運用創業教育的經驗，那麼教育和訓練對創新的貢獻則大大提升。

軟性創新技能，是指學生從創業計畫教育的實踐中，培養創造、問題解決與溝通的能力，這些也是具有批判力的消費者與公民須具備的技能。這種取向強調的就是「哪裡有創造力、有人才，創新與經濟成長就會跟隨而來」。

歐盟甚至將〇九年列爲歐洲創造力與創新年，目標是期望在教育、企業、藝術、科學等人類各種不同的活動中，都能夠促進創造力和創新。他們認爲，開發歐洲的創造力和創新潛力，在這個經濟危機的時候顯得特別重要。

歐巴馬就任美國總統後，做了幾件政策上的宣示與執行。首先任命因創新教育，尤其在推動公辦民營學校等方面有成的前芝加哥教育局長鄧肯（Arne Duncan）擔任教育部長。

歐巴馬還提出配合刺激經濟計畫的投資創新基金，爲了說明基金的用意，鄧肯於八月演講時，特別強調要讓「教育部成爲創新的引擎，而不是一個順從的監督者」；他期待各學區與非營利機構的領導者能夠釋放他們的創造力，並建構下一代的教育改革。歐巴馬甚至任命蓋茲基金會教育部門主任，擔任教育部的教育創新與改進部門主管。

美國政府的教育改革包含創造力、創新和創業三個元素，且主要是從創新的角度切入。歐巴馬在九月二十一日公布的美國創新的策略之白皮書中，有關教育創新的部分更凸顯三者的關聯性。

其實我國教育部在〇二年公布的創造力教育白皮書，已指出「廣義之創新能力包含創造力、創新機制與創業精神，具體成果就是社會大眾在各領域之創意表現。創新能力是知識經濟社會發展的重要指標，創造力則是學習成效之教育指標。」但歐盟和美國在政策的決策層次上，顯然比我們高很多，因而在創造力、創新和創業精神的內容和實踐上，就更能環環相扣一氣呵成。

（本文刊載於今周刊第667期）

2 六歲就學創業精神

二〇一三年在舊金山開辦的 AltSchool 微型學校，只收從幼兒園大班到初中二年級（K-8）的學生。

創辦人溫迪拉（Max Ventilla）對傳統教育模式是否能培養他女兒在二〇三〇年以後成為一個快樂成功的人，感到沒有信心，於是決定運用過去在 Google 工作的科技與後來創業的經驗和專業，希望建立以學生為導向，個別化、跨領域教學的小班小校，培育具有內省、負責和創業精神的企業家。投資人包括臉書創辦人祖克伯和賈伯斯遺孀蘿倫（Lauren Powell Jobs）等。這所學校很快成為媒體競相報導的教育創新模式，溫迪拉希望這個教育模式可以大量創新擴散。

雖然 AltSchool 的教育理念描述中，隻字未提培養創業家等字眼，但這些創業精神卻不著痕跡地融入課程教學。學生這麼小就要培養創業精神，對傳統教育工作者來說似乎有點太早，溫迪拉則希望培養孩子主動開創精神，創造快樂成功的人生。

其實，培養主動開創、敢冒險、不怕失敗、敏銳觀察趨勢的創業精神，在歐美早已融入小學到大學的課程。根據美國勞工部調查，目前在校生未來從事的工作，有六五％還不存在，需要靠自己去創造。

歐盟將創業精神簡單地定義為「個人將想法轉化為行動的能力」，並且進一步將創業精神列入終生學習的八個能力之一。從二〇〇三年開始許多歐盟國家相繼提出創業教育策略，其中三分之二也將創業教育融入初等學校。今年中國國務院發布了〈關於大力推進大眾創業萬眾創新若干政策措施的意見〉，也指示把創業精神培育納入國民教育體系。

更多創業教育是在大學院校，美國大學創業教育相當普及，不僅社區大學、一般大學，連長春藤學校也特別重視，歐盟國家更積極地在高等教育強化創業教育。

中國也趕上這波浪潮，一五年十月二十八日在「中國人民大學創新創業教育國際論壇」上，教育部官員指出「全中國已經有八二%高校開展了創新創業教育的必修課或選修課」，一些大學甚至允許創業的結果折算為學分。中國的政府官員和學者專家，都承認創業創新的理念還沒有深入人心，創業教育體系尚未健全、師資經驗不足等等的缺憾。

臺灣的大專院校也同樣跟上這一波的創業教育風潮，我們準備好了嗎？我們可以與 AltSchool 一樣實施「將想法轉化為行動能力」的創業精神教育嗎？

（本文刊載於今周刊第 988 期）

3 矽谷的創新創業生態

二〇一五年六月十八和十九日兩天，兩岸有關創新創業的新聞分別登上美國兩家大報。北京清華大學和華盛頓大學於十八日在西雅圖舉行兩校合辦的「全球創新學院」之啓動儀式。微軟率先捐贈四千萬美元奠基起步，並承諾不介入運作。清華大學邱勇校長希望這所合辦的學院，可以「探索出一條可行的創新人才培養模式」。

西雅圖是亞馬遜（Amazon）、微軟、星巴克（Starbucks）等公司的家鄉，應該符合創新創業的生態，可是《紐約時報》記者溫菲爾（Nick Wingfield）認爲，矽谷的發展與加州柏克萊和史丹佛兩所頂尖大學的相輔相成之關係密切。因此西雅圖除了華盛頓大學以外，還需要類似全球創新學院的高等教育機構。一三年，紐約市政府挑選康乃爾大學和以色列理工大學合辦應用科學與工程學院，也是爲了創造紐約的矽谷。

科技部徐爵民部長則於十九日在矽谷主持「臺灣創新創業中心」開幕典禮，實踐行政院「替年輕人找出路」的施政重點，「協助臺灣新創團隊浸淫在全球最具創新創業氣氛的生態圈，與來自世界各地的創業者交流，期能與國際市場連結。」《今日美國報》（*USA Today*）特別強調這是亞洲首例，繼法、德、瑞士、瑞典、挪威、丹麥、芬蘭和冰島之後，第九個國家在矽谷成立的創新創業中心。

爲什麼西雅圖、紐約都向矽谷學習？又爲什麼包括臺灣在內的九個國家也都在矽谷成立創新創業中心？由矽谷當局者撰寫的《創意電力公司》《Google模式》和《創投世家德雷珀》（*The Startup Game*，中譯本遠流出版）三本書，提供關鍵答案。例如Google董事會執行主席施密特在《Google模式》中，引用一九九〇年代初期，惠普公司執行長布萊特（Lew Platt）回答，他爲什麼願花時間幫助思科系統公司年輕執行長時，他說：「這樣矽谷才可以壯大，我們應該幫助你。」這就是大格局、同理心、信任、合作、截長補短、開放創新的文化生態。

矽谷的這種創新文化生態，也可以從《創投世家德雷珀》所描述的布克餐廳了解一二。這家外表不會令人有太多期待的餐廳，卻是潛在創業者會晤伯樂的地方，也是潛在金主追尋創意的場所。

皮克斯總裁卡特莫爾在《創意電力公司》中，推崇賈伯斯以社區概念爲基礎親手設計的大樓，就是希望人們能夠打成一片、相互溝通，強化合作。

進駐矽谷非常重要，但為了多元探索「創新人才培養模式」和協助眾多「新創團隊浸淫在創新創業氣氛的生態圈」，更根本的則是，創建自己的創新創業生態圈。

（本文刊載於今周刊第968期）

4 建構個人學習網絡

一名受到老闆賞識的年輕人，且稱他林特助，相信開放創新的歷程能促進新產品和服務的觀念產生，可是他不知道哪一部分可以開放、如何開放、一旦採用開放創新策略之後如何管理。

我不是開放創新的專家，因此推薦他加入 MOOI（Managing and Organizing Open Innovation），一個開放創新專業人員的網路社群，只要繳交一百美元就是正式會員；在社群中，他能收到相關訊息、研發報告、學術文章等，進而與同好分享、對話與評論相關理念和意見，當然也可以拋出自己面臨的問題、請教別人如何有效建置開放創新系統、從成功案例中獲得靈感或從別人的錯失中反思。

二〇一三年十月成立平台後，光是觀念交換的論壇活動，十天內就吸引了八十多位來自不同企業和非營利組織的領導創新專家，包括聯合利華（Unilever）、阿爾卡特—朗訊（Alcatel-Lucent）、飛利浦廚房家電用品（Philips Consumer Lifestyle）、麥肯食品（McCain Foods Ltd.）、世界自然基金會（WWF Switzerland）等，也包括研究開放創新的學者和研究生。

社會媒體蓬勃發展之後，像 MOOI 這樣的專業社群有如過江之鯽，互動方式也因而更爲多元，所謂學術圈臉書的 Research Gate 就是一個例子。我也推薦林特助加入，免費的平台也可以是他個人的學習網絡。

這個〇八年創立的 Research Gate，到現在爲止，已有一百九十四個國家的逾三百三十萬使用者。這個科學家爲科學家成立的平台確實跨越了學術圈的圍牆，過去的研究人員能夠使用的資源有限；但對 Research Gate 的會員來說，所有資料和文章都成爲個人學習網絡的資產；當然，所有成員也都是潛在的學習和研究夥伴。

「個人學習網絡」旨在幫助學習者掌控和管理自己的學習，讓學習者設立目標、經營學習的內容和歷程；在學習過程中，和其他人溝通互動而完成學習目標。這種學習可促進個人的成長、事業的發展、專業知識的取得甚至合作共創。實踐社群中的異質成員，則可以分享內隱和外顯的知識，把學習當作改變實際運作的過程；透過實踐中的交流共創增進知識，進而改變社會。

推特、臉書等社會媒體已成爲個人學習網絡的工具，但面對面仍然是人與人之間連結的核心，較容易相互信任、當面挑戰、提問辯答、搏感情、飆創意。荷蘭開放大學 Rajagopal 等學者認爲，有效使用個人學習網絡，得具備虛實網絡技巧，包括懂得如何與別人互動會話和溝通觀念的內容，以及持續建構、維護和活化個人學習網絡之歷程技巧。

在需要終身學習，但訊息和知識多元而分散的今天，有效建構個人學習網絡是必要的。

（本文刊載於今周刊第 891 期）

5 大學長廊：新創事業的搖籃

二〇一三年九月二十九日，李嘉誠基金會捐助以色列理工學院一．三億美元，而廣東省和汕頭市政府則捐助一．四七億美元以及汕頭大學旁邊的土地，共同成立廣東以色列理工學院。

以色列理工學院擁有三位諾貝爾獎得獎人，是名副其實的頂尖大學，所以汕頭大學期許新成立的學院在二十年內可以成爲中國一流的科技學院。

培養諾貝爾獎得獎人可遇不可求，可是培養科技公司的新創人員則是可遇也可求的。以色列理工學院不僅培養頂尖的學術和專業人才，也培養新創事業家，因爲該學院一直積極進行學生在投入眞實世界之前的創業加速準備工作，這也是爲什麼二〇一一年康乃爾大學會和以色列理工學院建立夥伴關係，而獲得紐約市政府的委託，在紐約市的羅斯福島成立應用科學與工程學院，希望爲紐約培養明日的創業家。

二〇一三年八月以推動創業教育爲主的 Kauffman 基金會，以及努力說服美國政府重視小型創業的科技創新聯盟 New Engine 的研究，發現高科技新創公司密度最高的十個城市中，科羅拉多州就占了四個。這幾個城市恰好連成一條大學廊道，幾乎所有科羅拉多的公立大學及分校都散布在這個長廊中的小鎭，除了丹佛市以外，其他的城鄉人口從三萬到十五萬不等。

創業的年輕人選擇工作和生活的地方必須環境好、開銷低、交通便利、生活機能佳，以及適合他們搏感情、飆創意、交換訊息和分享經驗的娛樂場所和活動。當然他們也需要資源豐富，可親可近的大學隨時學習。科羅拉多州的大學長廊及其郊區，正好成為年輕創業家的桃花源。

回頭看北市的國立大學，從最北的北藝大、陽明大學，經過北科大、台師大、台大、台科大，到最南端的政大，以及其他的公私立大學，早已串成大學長廊。這些大學需要像以色列理工學院和科羅拉多州大學長廊一樣，推動加速的創業準備機制與實作。

但北市的大學長廊附近之生活條件，對創業的年輕人似乎不利，如能跨越縣市界線，宜蘭是創業者的桃花源。位在長廊中的大學，以政大和礁溪的距離最近，只需五十分鐘車程，北醫、台師大、台大、台科大和世新的車程也不過一小時左右，所以在宜蘭創業、工作和生活，到北市的大學接觸新知，也就相當於科羅拉多州大學長廊各校和丹佛市之間的距離。

李嘉誠基金會更希望廣東以色列理工學院和汕頭大學的師生能夠共同建立許多新創科技公司。大學長廊可以催生新創科技公司，當然也可以助長新興的文創或學習產業。

（本文刊載於今周刊第879期）

6 領導者創新闖關三部曲

一九四六年首演的喜劇片《烏托邦之路》（*The Road to Utopia*），幽默作家班奇力（Robert Benchley）不時穿插詼諧旁白，在評論劇中兩位主角共騎狗拉雪橇逃脫壞人追趕的情節時，他迸出這句話：「只有領頭狗才可以看到景色的變化。」的確是這樣的，其他緊跟後頭的團隊成員，只能看到前狗的屁股。

後來領導者和先鋒者常用這句話來表達自己的立場和野心，例如一九八一到八九年擔任美國總統的雷根，於一九七五年和福特競選共和黨總統候選人時，就引用這句話表達他只對總統職位有興趣，而不要被安排擔任副手。

這句話正好反映了賈伯斯的名言「領導者和跟隨者的不同就在創新」。世界的變化無窮，只有開路先鋒的領導者，才有機會掌握一路上變化的景色，進行創新，引領風潮。

賈伯斯「不同凡想」的創新，改變了我們使用電腦和電話的方式，當然也改變了我們的生活風格和許多產業。除了大家熟悉的麥金塔電腦、Pixar、iTunes、iPhone、iPad 等等，他同時也是擁有兩百三十多項專利的發明家或共同持有人，他的創新成就正是創造力學者所說的，影響人類生活和文明發展之大創意（Big C）。

一九九七年，他重回蘋果時推出〈不同凡想〉的廣告，傳達他敢與衆不同，最後終會成功地改變世界的雄心壯志。他引用的所有大人物，不管稱爲瘋狂、特例獨行、反叛、不墨守成規、不拘泥形式、不被牽著鼻子走的「不同凡想」者，都是大創意的人，至少也是在其專業上領先創新的人，他們透過發明、創作、社會政治運動等等改變了人類文明、生活和態度。

艾默利大學的神經科學家柏恩斯（Gregory Berns），出版了一本《偶像破壞者》（*Iconoclast*，中譯本遠流出版），這些「不同凡想」者都是他所謂的偶像破壞者，賈伯斯當然也是其中之一。

柏恩斯認爲偶像破壞者必須闖過三關，才能成功地創新。第一關是他必須眼光獨到，看見別人看不到的景色、趨勢和觀念等等。與人不同，別具洞見，可能會產生兩種恐懼，一是害怕不確定的冒險和可能的失敗，二是害怕因與衆不同而遭受排斥和嘲笑。創新者必須克服這些恐懼，才能度過第二關。獨到的見解、創意的觀念、創新的行動，再怎麼好最終也需要靠其EQ闖過第三關，說服守門人。

柏恩斯在這本書中引經據典說明，神經科學家已知大腦哪個部位分別負責這三道關卡的功能，以及大腦裡面的任何功能，幾乎都能透過努力工作、練習和經驗加以改變。

期許學術研究帶來的好消息和「不同凡想」者提供的典範，可以激發我們人才培育的思考方向。

（本文刊載於今周刊第851期）

7 人才戰爭開打

以爲我得了「人才狂熱症」，一星期以來，參加的座談會、Google的快訊大多和人才有關。打開賓州大學華頓商學院的華頓知識在線的網頁，中國人才戰爭的文章立即映入眼簾。下班時才走出電梯，又看到投資人才的海報。

其實二〇一二這一年，一群產官學研媒藝重量級人物，也都在爲臺灣人才發聲。也許不是我得了「人才狂熱症」，而是人才眞的是一件非常關鍵且急迫的問題。

進駐政大公企中心「創立方」的一五〇位年輕創業家，每個月的第二個星期二晚上，固定和政大EMBA學員和校友面對面搏感情、飆創意、談創業。七月十日那一夜的標題就是「人才、人才、人才」，他們試圖尋找「臺灣人才哪裡來？該往何處去？」的方向。因爲「自從今年四月新加坡副總理拋出別重演『臺灣故事』的言論後，臺灣舉國上下突然驚覺，『人才流失』問題不能再忽視。」

這些正在發展創業計畫的年輕創業家，首要任務就是找到對的夥伴，於是聚在一起具體地思索以下幾個問題：在變動劇烈的當代，人才的定義是否重新改寫？企業該如何引才？留才？育才？創業家又怎樣看待人才議題？

臺灣的企業界不是唯一的人才戰場，中國大陸的人才戰爭更是如火如荼的開打。連美國也面臨同樣的困境，根據麥肯錫（Mckinsey & Company）長達一年以七十七家公司和將近六千位管理者和執行長爲對象的有關人才戰爭研究發現，在未來二十年中，公司最重要的資產肯定是人才。如果不提早培育，未來二十年的人才必定供不應求。

不僅企業，其他各界如學術、政府、教育各界也必須正視人才問題。一一年八月，十八位產業、教育、科技、媒體與藝術界領袖，共同連署「人才宣言」，表明「臺灣還未能面對事實，不知危機將至，令我們十分焦慮。」

中央研究院院長翁啓惠接著在一二年七月三日的院士會議中宣布，他已徵得海內外五十四位產學界重量級人士，希望在年底前針對人才培育、產學合作等方向，向政府提出政策白皮書。

然後就是教育部爲臺灣人才把脈而成立的「人才培育計畫專案」辦公室，預計隔年五月底前完成「行動專案」。

其實行政院已於一〇年八月十日，核定由經建會提出的人才培育方案。「人才培育政策應從國家人才培育的角度、學校教育體系、產業界、政府相關部門、社會各階層等全方位的角度來規畫。」

多麼宏觀與周延。可是爲什麼還是令人焦慮？是方案失焦？是形成方案歷程不夠開放多元？還是溝通協調不良？仔細想一想，原來，臺灣仍然流行「集體獨白」的政策制定及其執行的戲碼。

（本文刊載於今周刊第814期）

8 追求智慧型失敗

中國全國人大常委會二〇〇八年表決通過修改後的〈科學技術進步法〉，並且從七月一日開始實施，此法主要在增強自主創新的能力、建設創新型國家，爲了鼓勵自主創新，就應該營造一個允許自由探索、勇於承擔風險的學術氛圍。他們相信任何科技的創新都是在一次次的失敗中，不斷探索而成功的，所以該法規定「對於那些探索性強、風險比較高的科技項目，科技人員在承擔風險的時候，應當對他們給予寬容」。

這項寬容錯誤允許智慧型失敗的規定是一大突破，雖然在華人的文化中我們經常強調「人非聖賢孰能無過」，但在實際生活中我們也常常會受到非理性的完美主義影響，而讓許多人有著「多做多錯、少做少錯、不做不錯」的觀念，這樣的態度對重視創造力的今日臺灣非常不利。

所謂創新或創業就是冒險精神，一個組織或團隊允許學生或員工犯錯、提出不同的觀念，不害怕被譏笑或懲罰，也勇於實踐創意，這個組織的氣氛是比較鼓勵創意和創新的。

當然，允許因冒險而犯錯，並不是沒有任何節制，所謂失敗是有「智慧型失敗」與「不必要的失敗」之分的，這裡所謂的允許錯誤是指容忍並鼓勵智慧型失敗，也就是從失敗中學習，創造出向前的動力。

在劍橋大學的卡文迪什實驗室，當皮魯茲（M. F. Perntz）開始研究血紅素的結構時，蛋白質是否具有穩定的結構都還是個疑問，許多化學家及生物學家都認爲他根本是在浪費時間，但當時的實驗室教授布拉格（W. L. Bragg）卻全力支持他，甚至寫信給醫學研究委員會主委，要求提供這個團隊更長期的資助，布拉格也曉得皮魯茲的計畫可能不會成功，但只要成功，就會非常重要。二十三年後，皮魯茲終於解開血紅素的結構。

創造力的投資理論就是運用股市投資的比喻說明創造是一種「買低賣高」的行爲，也就是在大家還沒有發現某一個觀念、議題或產品等的重要性，或大家都知道卻沒有人願意去做時，創造人物願意承擔風險投身其中；該理論認爲，從事創造的本身就是一種風險承擔的行爲，如果不願意承擔風險，便很難有創意的產生；哥白尼（Nicolas Copernicus）在提出天體運行說時，別人都認爲他瘋了；IBM的創辦人在別人還不知何謂資料處理時，就進入這個領域，而當舊的產品正如日中天時，他已經著手在發展新的產品了。

因此，要培育學生或組織中的成員勇於創新，守門人就必須分辨智慧型失敗和不必要的失敗，進而形塑寬容智慧型失敗、勇於承擔風險的氛圍。

（本文刊載於今周刊第 581-582 期）

9 冒險創新：正向大T人格

寫詩、著書、關懷弱勢、熱愛爬山，被張小虹教授讚爲「集臺灣人最美好的品質於一身」的林克孝博士是金融專家、經營高手，是老闆台新金控董事長吳東亮心中的智者、仁者和勇者。不幸地，卻在他最愛的南澳山區中意外墜谷身亡，難道他事前不知道找路的危險？

他當然知道，但他卻勇於冒險創新回應內心的呼喚，永不放棄地尋找「三百年前泰雅族祖先的遷徙路徑」。所以他說：「我有時也會獨自上山，也很快發現在任何再安全的地方不小心摔一跤，都可能讓自己陷在別人想找都找不到的地方。」

麻省理工學院媒體實驗室領導生物機電組的赫爾（Hugh Herr）教授從小也熱愛攀岩，十七歲時，已經被公認爲優秀的攀岩高手，卻在十八歲時發生意外，在暴風雪中凍傷腳，雙腳從膝蓋以下截肢。義肢無法讓他繼續爬山，所以他決定要做自己的腳，進而苦人所苦，以他的專業和個人經驗，熱情地爲肢體殘障的人設計各種人造腳，至今已擁有十四項相關發明的專利，造福許多人。

美國心理學會前主席法利（Frank Farley）稱林克孝和赫爾的刺激冒險傾向爲「正向的大T人格」。他親自造訪尼泊爾，訪談聖母峰的登山者，他認爲這些正向大T人格者喜歡極限運動、創意的科學和藝術以及冒險創業，他們會從身體或心理的活動中，獲得冒險刺激的「心流」感受。

以色列和美國的四位學者以以色列人爲研究對象，研究個人的價值觀和尋求冒險刺激之間的關係，發現尋求高刺激冒險的人有三種價值觀是與其他人不同的。

第一，追求高刺激冒險的人比較重視人間溫暖。這個價值觀表達的是友誼、親情、愛情、與人親和的關係。

第二，自我尊重，是認同建構與效能的需求。這些人一方面自愛自在，另一方面也相信自己的所作所為是有效能的，是值得的。

第三，樂趣與享受的感動。創造力大師契克森米哈賴訪問九十二位獲得諾貝爾獎，以及其他各行各業獲得高度創意成就的人物後，發現這些人在從事自己熱愛的工作或任務過程中，都會產生心流或福樂（flow）的感受。在接受高度挑戰時，相信自己的知能可以接受這樣的挑戰，而樂於專注投入，在當下會有主客體合而為一的感受，特別是奇妙的寧靜心情。

賓州大學華頓商學院的教授尤西姆（Michael Useem）相信，CEO 需要冒險創新，而且可以從親身體驗爬山、攀岩中，建構生命的意義，因此帶領二十名由企管碩士和中年主管組成的隊伍，在聖母峰上了十一天的領導課程。透過驚奇的爬山經驗，從其他攀岩者身上體悟自己必須謙虛待人，也從親身體驗中，比以前更清楚領導力是不斷精益求精的攀登高峰之旅。

（本文刊載於今周刊第 769 期）

10 福特與愛迪生

臺灣需要創意和創業人才，臺灣也需要具有國際視野、了解本土特色的管理和領導人才，但是人才在哪裡呢？

最近常聽到有人質疑臺灣人才難尋，有此疑慮的人似乎悲觀了些，樂觀勇於解決問題的人應該肯定地說：「年輕人需要良師益友。」當汽車大王福特還是首席工程師，正在努力尋找以汽油爲動力的汽車引擎時，認識了發明家愛迪生，使他的夢想成眞。福特從此將愛迪生視爲良師益友，爲了讓愛迪生的發明事蹟永垂不朽，福特還特別建構了愛迪生博物館，展現 Made in America 的獨創與創新。

被認爲是企業思想家的南加大講座教授班尼斯（Warren Bennis）從二戰退伍後，進入Antioch學院就讀。他在部隊中曾親眼看到，或親自體驗過最好與最壞的領導模式，有關領導的一些觀念在腦中徘徊不去，卻無架構整理歸納這些觀念。他把握了就讀該校的機會，主動尋求校長麥葛瑞格（Doug McGrgor）爲師，麥葛瑞格在一九六〇年以《企業的人性面》（*The Human Side of Enterprise*）一書而聲名大噪，他提出的激勵員工之X和Y理論至今仍然廣被引用。班尼斯說：「麥葛瑞格的思考啓發了我原本不知道的領導、組織發展、團體動力之研究領域。」「他不僅發掘並認可我的潛力，還給了我信心，甚至清楚地和他人說我是個值得期待的人。」

愛迪生和福特、麥葛瑞格和班尼斯的師徒關係是非正式的，古今中外，許多事業成功或生活快樂的人物，都擁有這樣的非正式師徒關係，因人格特質、興趣、價值的「情投意合」造就了這樣的師徒關係。

雖然這對師徒二人都有好處，但組織行為專家和心理學家較強調的，是資深、專家或領導人扮演的良師益友角色對資淺、生手或員工的好處。所謂好處包括員工工作滿意、組織承諾、個人知能和工作相關知能的學習，甚至他們的格局視野、待人處事、創新創業、管理領導都會因而得以啓發開展。

徒弟透過師徒關係所獲得的經驗包括諮詢贊助、保護協助、引薦推介以及角色楷模等等。不管是在臺灣或中國大陸，角色楷模的師徒經驗最有效。師父對徒弟個人表示尊重，表現出相似的態度或價值觀，分享自己的生涯或事業之經歷，鼓勵徒弟為自己的未來發展做該做的準備，指派或推薦他們從參與挑戰性的學習、工作、研究或活動中成長並擴展學習脈絡和人際網絡。

AT&T、通用汽車、杜邦和聯邦快遞（Federal Express）等公司確認師徒關係對組織的重要性，因而正式實施師徒計畫，他們相信除了有效促進員工的學習成長、資深人員經驗的傳承以外，也可以利用師徒計畫發展未來領袖，留住組織中的超級明星。

人才究竟在哪裡？正式的師徒計畫和非正式的師徒關係都能提供伯樂識千里馬、擔任角色楷模、培育人才的師父滿足「得天下英才而教之」的樂趣，讓生手從師徒經驗中發展潛能，成為人才。

（本文刊載於今周刊第462期）

11 創新興國：膽大皮厚的以色列

歐盟以二〇〇九年作爲「創造力和創新年」，至少在教育上已達預期目標，九五．五%的老師相信創造力可以應用到每一個知識領域和每一門學科。其實許多國家都希望創新興國，其中又以以色列累積的成效最值得參考。

只有七一〇萬人口，敵人環伺、戰事不斷、缺乏資源的小國以色列，必須發揮創意、展現創新、超越國界、走向全球。曾經擔任美國政府資深外交政策顧問進駐中東的研究者賽納（D. Senor）和以色列的新聞工作者辛格（S. Singer），爲了探討以色列經濟奇蹟背後的文化因素，並配合建國六十周年而合寫了《新創企業之國：以色列經濟奇蹟的啓示》，立即成爲《紐約時報》的暢銷書。

以色列擁有世界上密度最高的科技新創事業，這些新創事業比其他國家吸引更多的跨國投資，平均每人獲得的創投資金是美國的二．五倍、整個歐洲的三十倍、中國的三百倍。

他們認爲以色列能夠創業興國的原因之一是膽大皮厚、果斷積極的 chutzpah（無所顧忌）文化。美國也有這樣的人，卻是零零散散，在以色列則是習以為常的文化。大學生和教授談話、員工挑戰老闆、公務員詢問部長、軍人質疑將軍，都是果斷積極、膽大皮厚。

部隊的訓練也是造就創新的重要因素，以色列的青年從十八歲開始至少服役二年，技術單位已成爲年輕人親身演練科技技術的場所。更重要的是他們在部隊裡學會了任務導向，領導和團隊的合作尤其是渴望繼續使用他們所學奉獻國家。即使不在科技的單位，他們也一樣學會了很多創業時所需要的知能，例如即興創意、情急生智、尋找新觀念、提出問題、從不同的角度看同樣問題的能力，年輕人在部隊中奠定互信基礎，退伍之後就很容易共創新事業。

政府政策也是一個重要的因素，以色列是全世界在研發方面投資比率最高的國家，研發的投資占GDP的四．七％，國防部也允許部隊裡打破階級、互相學習、演練科技技術。而政府在移民的政策及其執行上也居功厥偉，雖然大部分移民是猶太背景的人才，但配偶未必都是猶太人，卻都可以很快、很方便地取得公民或居住的身分。

立法院已於二〇一〇年通過〈文化創意產業發展法〉，〈產業創新條例〉也上了該年三月十六日的《華爾街日報》（*Wall Street Journal*）。產學都需要國際化人才，軍隊的角色也必須重新定位。民間處處展現創新，但如何形塑臺灣創造力、創新和創業精神的文化，政府需要大格局有效地創意整合。

（本文刊載於今周刊第692期）

12 傳統再生的轉化創意

印尼峇里島是世界聞名的觀光勝地，雖然因二〇〇二年的恐怖攻擊而受創，但是〇八年還是有一百九十萬外國觀光客暢遊這個「神祕與藝術之島」。傳統舞樂有人稱之爲猴子舞的 Kecak，是峇里島吸引觀光客的重要文化創意，一般人都以爲 Kecak 是歷史悠久的傳統，其實它是創造出來的。

所謂傳統的 Kecak，指的是一九三〇年代，住在印尼峇里島的德國畫家和音樂家史畢斯（W. Spies）非常喜歡由男性合唱伴奏的儀式，因此找上當地舞者林巴可（W. Limbak）合作改編再創這個傳統，以印度羅摩耶那故事爲架構融入舞蹈，並且由百人左右的男子合唱，轉化群猴的聲音爲氣勢磅礡的音樂，演出時非常壯觀。他讓這個傳統再生的目的，是要給西方的觀衆欣賞。

英國學者霍布斯邦（Eric Hobsbawm）在其《傳統的發明》（*The Invention of Tradition*）一書中認爲，傳統與創造之間是互動、互爲因果的。創造需要傳統的啓發，而傳統也需要依賴創造而再生。即使是蘇格蘭裙，也是十八世紀末十九世紀初才逐漸被創造出來的傳統。Kecak 就是西方人配合當地舞者，組合幾種傳統的元素創造出來的傳統，史畢斯以西方人的眼光，了解西方人喜歡觀賞東方神祕獨特的、在西方找不到的表演藝術。

峇里島的經驗，的確可以提供臺灣在推動文化創意產業的啓示。其實許多臺灣的藝術家，也都選擇豐厚的多元文化傳統元素，創造出有創意的作品。

法國亞維儂藝術節的藝術總監，早於九三年便計畫在九八年以中國的表演藝術爲主題，而他並不了解當時的大陸尚未有活潑創意的傳統再生之節目。經過從九三到九八年之間兩位巴黎文化中心主任，及三位文建會主委的遠見和努力，亞維儂終於選擇了臺灣的表演藝術爲主題，並在五十幾個優秀團體中選擇八個，包括國光劇團、優劇場、漢唐樂府、當代傳奇、無垢劇場、亦宛然掌中劇團、小西園掌中劇團和復興閣皮影戲團。他所選擇的創意就是「傳統的再生」。

十幾年後的今日中國，單是少林寺的武功，已經試圖透過傳統的再生而成爲文化創意產業的標竿。繼風中少年在美國演出八百多場，少林武魂在國際合作製作下，也已經在今年登上紐約百老匯的舞台，雖然《紐約時報》的劇評對他們的武功佩服不已，卻對其藝術性有諸多的期待，就連〇八年亞維儂藝術節都擺明了，爲了吸引年輕觀衆，也邀請了少林和尚表演舞蹈節目「Sutra」。

臺灣的傳統再生和創意轉化已經累積了三十多年的經驗和成就，雲門舞集、優人神鼓、當代傳奇之所以能夠演遍各洲，就是傳統再生的轉化創意。

（本文刊載於今周刊第651期）

13 非商學院學生必修的創業課程

在眾多的大學教育目標中，如果只能選擇一個，我會選擇培養學生「學其所愛、愛其所學」「做其所愛、愛其所做」的目標。大學的重要任務之一，就是盡量提供多元的選擇機會，讓學生在實踐中確認自己的所愛，而努力地追尋。

創業教育也是一種選擇，過去的創業課程主要是為商管學生而設；高科技的發展促使許多工學院開始與商管學院合開創業課程。最近幾年，歐美的大學更相信非商管學生也應有同樣的權利，這種風氣在社會創新與創業逐漸成為產官學界共同焦點的今日更為普及。

二〇〇六年，歐盟在挪威奧斯陸的創業教育會議中，特別提出高等學府的創業教育，尤其是提供機會給非商管學生；各會員國、大學都會發展適合自己的創業課程。愛爾蘭 Dundalk 科技學院的全職學生都有機會選修創業學程，完成之後可以取得證書、證照或學位。

美國更是如此，一九九六年，MIT 成立跨學院、系所的創業中心。創辦人羅伯茲（Edward Roberts）說：「MIT 響亮的創業名聲，吸引具有創業野心的學生，這些學生也相對增強了 MIT 的聲望，每年大約有十家和 MIT 相關的公司相繼成立。」

史丹佛大學則採取不同的創業教育理念，不以畢業生成立公司的數量評判成效，而是特別強調學生創業心態的訓練。他們也以畢業生廣受社會的歡迎爲傲。

英國擅長科技領域之創業教學與實踐的大學，則相繼成立科學創業中心，建立互助合作的網絡，目的在推動研究成果與新觀念的商業化，激發科學的創業精神，將創業的教學融入科技課程，並促進科學知能的轉移與應用。

那麼，人文社會科學的學生，如果不選營利導向的創業課程，是否也有其他選擇？

史丹佛的社會創新中心及碩士學位固然名揚四海，但其他學校也都各自設立具有特色的學程、學位或中心。杜克大學的社會創業中心結合了社會使命的熱情與矽谷高科技先鋒之創新，以及企業的紀律，希望社會創業家能夠發想創意、發展新的經營模式。該中心的主任迪斯（Greg Dees）認爲，「社會企業是有關創新與影響力，而不是收入」，雖然這些社會企業家因爲觀念創新、經營成功而收入可觀，但他們都是以改進社會、產生實際影響力爲其使命。

透過創意募款、創新經營社會企業等方式，訓練遊民自給自足、綠化環境、增進貧民的衛生保健、深度欣賞藝術、爲中年失業人創造就業機會，及創立鄉林銀行。希望杜拉克所指：「創新與創業精神正常穩定、持續發展的創業社會」能早日實現。

（本文刊載於今周刊第 594 期）

14 高齡社會商機的正向思考

臺灣邁向高齡化社會，已經成為產官學研各界的口頭禪，二〇一四年老年人將占總人口的一二%，二〇二五年則占二〇%，二〇四三年將達到三分之一。

有人從商機的觀點來詮釋這種現象，但也有人從如何讓老人度過餘生的角度來談政策及其執行。這讓我想起凱薩琳赫本（Katharine Hepburn）主演的一部電影《另類自殺服務》（*Grace Quigley*），一名住在紐約又老又窮的女性 Grace，覺得生命毫無意義，想死卻又沒有勇氣自我了斷，她無意間在窗口發現一名男士謀殺房東的方法乾淨俐落，就積極尋找殺手，要求他幫自己一槍斃命。

經過互動談判過程後，兩人決定掌握商機共創事業。住在養老院裡同樣覺得老而無趣，卻又不敢自殺的有錢人，就是他們的客戶，Grace 當經紀人，殺手還是殺手。在可以脫貧甚至致富，又能幫助可憐的同儕終老的信念下，她每天投入工作，設法一一說服潛在客戶，因而覺得自己再也不必「老壽星上吊──活得不耐煩」。

許多人在談高齡社會的商機或如何照護老人時，跟女主角的觀念與作為一樣，對老人採取「人生赤字」、負面思考的心態，但如果真的要有意義的掌握終老商機、照顧老人，一定要採取「人生資產」，正向思考的心態。

作家簡宛撰寫六位五十至八十七歲的婦女《越活越美麗》的故事中，年紀最大的是八十歲的作家薇薇夫人和八十七歲的中華徵信所董事長趙文華，兩人都在上了年紀之後用心學畫，上網學習新知，並透過網路和親友溝通。簡宛認爲，這六位女士眞實的活出六種「晚美人生」。

美國喬治華盛頓大學的全國創意老化中心與國家藝術基金會合作實驗，發現專業人士帶領的工作坊，提供老年人用心體驗學習，甚至創作發表藝文作品，不僅讓他們活得更好、活得更老，也促進他們的身心靈健康。投資在這些人身上學習藝文的費用，少於沒有參與這些藝文活動的老人醫療費用。

有關養老院的研究，也都說明了原來遺憾來日不多的負面思考的院友，一旦讓他們回到活得有用的時光，幫忙需要的人解決問題，發揮自己的強項並且做出貢獻，這種正向思考心態，一樣能產生正面的效果。

人要活的「晚美」，必須透過人生資產的角度尋找自己的熱情、才能、經驗或智慧，親身體驗，逐步越活越美麗，我想于右任說的「不信青春喚不回」，應該可以用來解釋這樣的心情。

畢卡索也說：「每個孩子都是藝術家，問題是，長大以後會不會繼續成爲藝術家。」可以用來提醒老人回歸赤子之心的重要，而參與藝術活動，最能夠喚回赤子之心和充滿希望的青春。

我確信高齡社會的商機，應該植基於對老年人正向思考的同理心。

（本文刊載於今周刊第 802 期）

15 從小學開始教創業

二〇〇六年歐盟開始實踐一項有關創業精神教育的行動計畫，長期目標是將創業精神，融入大中小各級學校的正式教育。

而融入課程則需要一些配套措施，有關中小學的措施包括：一、激勵並訓練教師。二、以「做中學」為其教與學的基礎，例如：計畫或專題觀念的發想與實踐，以及透過虛擬或迷你公司的實際運作。三、邀請創業家或當地的公司，參與創業課程及活動的設計與執行。四、提供歐洲各級學校有關促進創業心向的典範實例，並互相學習。

為什麼歐盟需要透過正式教育，培植各級學校學生創業心向呢？

他們認為從基礎教育開始，培育年輕人的創業心態及其所需之技能，可以讓年輕人學會未來在複雜社會中成功所需具備的技能。這些技能包含創造力、創新力、獨立自主，和積極開創的能力等，他們也將創業精神視為基本技能。

「年輕發明人競賽」是一個成功的案例，參與的對象包含六至十六歲的學生，目的在透過競賽培養學生創造力、創意發想，及創新執行的能力，並展現成果，參與的國家包含芬蘭、英國、冰島、挪威等等。有些學校甚至提供比較完整的訓練，讓學生可以在競賽後，從做中學習創業及經營。

盧森堡更在課程中，要求所有小學六年級的學生都必須參與創業課程單元的學習。他們都要先看一部卡通片，片中的小朋友想要買一輛腳踏車，需要利用簡單的創業觀念自己賺錢。

這個課程單元的主要目的，是要讓孩子知道，創業也是一個未來工作的選擇，希望可以讓他們改變有關創業的態度。有趣的是，這一部卡通也用在數學課程中，讓學生學習基本財務分析。

在中等教育方面，歐盟鼓勵會員國的學校創設迷你公司。超過二十萬的中等學校的學生，參與迷你公司的創設與經營，提供許多新產品的銷售或創新服務，例如：震動的枕頭當作鬧鐘、老人的娛樂服務等等。

歐盟試著運用這些計畫，一方面形塑歐盟國家的創業氛圍，一方面也可以創造更多的就業機會。到現在為止，至少有一五％的歐盟學校參與了迷你公司的計畫。波蘭的教育部從○二年開始，建構了「創業精神教育」的全國架構。

芬蘭的做法更是值得一提，全國的中等學校都提供創業教育作為選修或必修課程，政府鼓勵產學合作並積極有效地訓練教師。促進學生的創業精神，已經變成芬蘭各級教育的基本目標。

如果臺灣要實施創業精神教育，事先絕對要做好配套措施。

（本文刊載於今周刊第590期）

16 培養下一位尤努斯

二〇〇六年十月在北京，由中國中央編譯局比較政治與經濟研究中心、英國文化協會和英國楊氏基金會共同主辦「探索社會創新」的會議，來自二十個國家大約二百五十人參加這次會議，包括一些中國的副部長、英國的資深政府官員。

這次會議主要目的是讓參與者了解社會創新的最新理念，獲知世界各地成功的社會創新案例，並建構世界性的社會創新網絡。

〇六年諾貝爾和平獎得獎人尤努斯的小額貸款，在北京的會議中被認爲是一個典範，他創辦小額貸款的鄉村銀行，推翻傳統銀行運作模式，是一種逆向思考的創意、策略與組織，是基於互信、責任、參與和創意的銀行制度，提供給最窮苦的人民信貸。

小額貸款的鄉村銀行成功之後，到現在爲止，大約超過二百個鄉村銀行，已經在五十多個國家複製成功。

科技的興起、創意產業的推動、M型社會的現象，也相對激發了產、官、學、研和非營利各界的社會使命感。一些知名大學也在非營利組織的支持下，擔負起研發和教育的責任。

哈佛和紐約大學分別獲得一千萬美元捐款，提供獎學金以培養未來具有社會創新精神的領導人物。史丹佛大學的商學院除了出版影響力很大的社會創新評論以外，並成立社會創新中心，其使命是在啓發並教育社會創新人，提供現在和未來領導人相關的知識和觀念，以加強他們倡導社會改變的能力。

「社會創業」、「社會創業精神」或「社會創新」名稱雖異，但本質是一樣的，目的都是在解決包括環保、衛生、教育、文化、經濟等等的社會問題，希望能讓社會更加美好。

過去社會創新成功的例子如鄉村銀行、開放大學、語言線上、日舞影展、認養制度等等，都是因爲社會創新人具有社會使命感，而且能夠掌握別人錯失或看不到的機會，想出解決問題或改進制度的新奇且適當之創意，經過原型或試驗的創新執行階段，最後創造可以永續經營、改變社會的方案、策略或組織，並可以在需要的地方成功複製。

社會創新不等於傳統的慈善事業，不等於私人企業爲了履行社會義務而提供給非營利組織的支持，也不等於傳統社會服務，當然更不等於社會運動。

臺灣的非營利組織處處可見，有些政府部會也將 NPO（非營利組織）列入業務範圍。許多大學也紛紛成立第三部門或非營利研發中心，連政大的 EMBA 都堅持成立非營利組織。臺灣的某個地方可以成爲至少是華人地區的社會創新矽谷，也期待包括所有非營利組織在內的各界，能夠重新以社會創新來架構任何可以使社會更美好的方法和機構。

（本文刊載於今周刊第 545 期）

17 推動文創，破格選才

二〇一〇年二月十一日，被稱爲時裝界壞孩子的英國服裝設計師麥昆（Alexander McQueen）驟逝；他的創意、創新和創業，不僅影響服裝的設計裁剪、走秀包裝，甚至街頭的穿著風格、影音文化等等，和整個文化創意產業都受影響。

對正在推動文化創意產業和培育創新人才的臺灣來說，麥昆的受教過程更值得參考。現任倫敦中央聖馬丁藝術設計學院校長的雷普利（Jane Rapley），於一九九七年擔任服裝與紡織學院院長時，接受《洛杉磯時報》（*Los Angeles Times*）的訪問時說：「幾年以前我們一位老師說有這麼一名服裝訂製的學徒，性格笨拙，從十六歲以後再也沒有接受任何正式教育；他不會畫畫，但裁剪棒得如夢似幻；他有熱情、眼光、想像力。就這樣，我們收了他，這是孤注一擲的大膽行爲，但就是我們所做的工作之一。」

就這樣，麥昆跳級成爲碩士班的學生，他在十六歲離開學校，看到電視上的新聞說「英國非常缺乏服裝訂製的裁縫人才」，他毅然決然的主動跑去當時英國倫敦最有名的西服訂製公司，中間還在米蘭當紀禮（Romeo Gigli）和倫敦的日裔設計師立野浩二的設計助理，並同時到舞台服裝公司工作。雷普利他們的判斷，就是根據他在學習、表現過程中，充分表露的熱情、眼光和想像力。

雷普利敘述麥昆如何篳路藍縷地讀完碩士學位，計程車司機的父親無法提供麥昆經濟上的協助，他必須打工；有些課程也不是他的專長和興趣，但他必須完成。麥昆曾說過學校沒有教他什麼，他攻讀碩士學位，是爲了在畢業展時有機會開拓服裝創意、創新和創業的天地。這不僅造就他品牌的前途，也貢獻了英國文化創意產業的影響力和產值。

畢業展時，在時裝界具有影響地位的編輯波樂（I. Blow）立即成爲麥昆的伯樂，買下他所有的作品，並一件件地親自穿著，作爲肯定和宣傳的代言。

中央聖馬丁學院的選才和育才的膽識和機制，至少有兩個重要涵意，第一，透過反映創意人的態度、能力、創新和經驗的作品集而非學歷和紙筆測驗，作為選才的主要考量和育才成果的展現。第二，不問學生什麼不行，而問學生的專長在哪裡，所以在選才和育才的過程中他們都知道麥昆的缺點，卻以他的優點為選才和育才的效標。

教育部的創造力教育計畫從二〇〇六年開始推動大學院校的選才機制，鼓勵大學參與創意學院的計畫，將創意列爲選才的指標；但不管怎麼做，大概都很難有像聖馬丁那樣的膽識；只是在推動文化創意產業和創意人才的今天，至少我們可以大膽的嘗試突破。

（本文刊載於今周刊第688期）

國家圖書館出版品預行編目 (CIP) 資料

創造力是性感的 / 吳靜吉著 . -- 初版 .
-- 臺北市 : 遠流 , 2017.05
面 ; 公分 . -- (大眾心理館)

ISBN 978-957-32-7974-7(平裝)

1. 創業 2. 創意

494.1 106004018

大眾心理館 345

創造力是性感的

作者 / 吳靜吉
副總編輯 / 陳莉苓
特約編輯 / 陳錦輝
美術編輯 / 唐壽南
校對 / 張哲誌、黃于娟
行銷 / 張哲誌

發行人 / 王榮文
出版發行 / 遠流出版事業股份有限公司
100 臺北市南昌路二段 81 號 6 樓
郵撥／ 0189456-1
電話／ 2392-6899 傳眞／ 2392-6658
著作權顧問 / 蕭雄淋律師

2017 年 5 月 1 日 初版一刷
2019 年 11 月 16 日 初版六刷
售價新台幣 320 元（缺頁或破損的書，請寄回更換）

ISBN 978-957-32-7974-7
遠流博識網
http://www.ylib.com
e-mail:ylib@ylib.com